최신개정판 박문각 자격증

단숨에 끝 SERIES 단끝

단끝

전기기사

# 제어공학

## 필기 기본서

정용걸 편저

단숨에 끝내는 **핵심이론**

단원별 출제 **예상문제**

**제2판**

동영상 강의
pmgbooks.co.kr

전기분야 최다 조회수 **100**만 뷰

박문각

# PREFACE
## 이 책의 머리말

전기분야 최다 조회수 기록 100만명이 보았습니다!!

"열정은 있다. 그러나 기본이 없다." — 베토벤 —

어떤 일이든 열정만으로 되는 것은 없다고 생각합니다. 마음만 먹으면 금방이라도 자격증을 취득할 것 같아 벅찬 가슴으로 자격증 공부에 대한 계획을 세우지만 한해 10여만 명의 수험자들 중 90% 이상은 재시험을 보아야 하는 실패를 경험합니다.

저는 30년 이상 전기기사 강의를 진행하면서 전기기사 자격증 취득에 실패하는 사례를 면밀히 살펴보니 수험자들이 자격증 취득에 대한 열정은 있지만 정작 전기에 대한 기초공부가 너무나도 부족한 것을 알게 되었습니다.

특히 수강생들이 회로이론, 전기자기학, 전기기기 등의 과목 때문에 힘들어 하는 모습을 보면서 전기기사 자격증을 취득하는 데 도움을 주려고 초보전기 강의를 하게 되었고 강의 동영상을 무지개꿈원격평생교육원 사이트(www.mukoom.com)를 개설하여 10년만에 누적 100여만 명이 조회하였습니다.

이는 전기기사 수험생들이 대부분 비전문가가 많기 때문에 전기 기초에 대한 절실함이 있기 때문이라고 생각합니다.

동영상 강의교재는 너무나도 많지만 초보자의 시각에서 안성맞춤의 강의를 진행하는 교재는 그리 흔치 않습니다.

본 교재에서는 수험생들이 가장 까다롭게 생각하는 과목 중 필요 없는 것은 버리고 꼭 암기하고 알아야 할 것을 간추려 초보자에게 안성맞춤이 되도록 강의한 내용을 중심으로 집필하였습니다.

'열정은 있다. 그러나 기본이 없다'란 베토벤의 말처럼 기초는 너무나도 중요한 문제입니다.

본 교재를 통해 전기(산업)기사 자격증 공부에 어려움을 겪고 있는 수험생 분에게 도움이 되었으면 감사하겠습니다.

무지개꿈 교육원장 정용걸

**동영상 교육사이트**

무지개꿈원격평생교육원 http://www.mukoom.com
유튜브채널 '전기왕정원장'

# GUIDE
## 필기 합격 공부방법

**1** 초보전기 II 무료강의

전기(산업)기사의 기초가 부족한 수험생이 필수로 숙지를 하셔야 중도에 포기하지 않고 전기(산업)기사 취득이 가능합니다.
초보전기 II에는 전기(산업)기사의 기초인 기초수학, 기초용어, 기초회로, 기초자기학, 공학용 계산기 활용법 동영상이 있습니다.

**2** 초보전기 II 숙지 후에 회로이론을 공부하시면 좋습니다.

회로이론에서 배우는 R, L, C가 전기자기학, 전기기기, 전력공학 공부에 큰 도움이 됩니다.
회로이론 20문항 중 12문항 득점을 목표로 공부하시면 좋습니다.

**3** 회로이론 다음으로 전기자기학 공부를 하시면 좋습니다.

전기(산업)기사 시험 과목 중 과락으로 실패를 하는 경우가 많습니다.
전기자기학은 20문항 중 10문항 득점을 목표로 공부하시면 좋습니다.

**4** 전기자기학 다음으로는 전기기기를 공부하면 좋습니다.

전기기기는 20문항 중 12문항 득점을 목표로 공부하시면 좋습니다.

**5** 전기기기 다음으로 전력공학을 공부하시면 좋습니다.

전력공학은 20문항 중 16문항 득점을 목표로 공부하시면 좋습니다.

**6** 전력공학 다음으로 전기설비기술기준 과목을 공부하시면 좋습니다.

전기설비기술기준 과목은 전기(산업)기사 필기시험 과목 중 제일 점수를 득점하기 쉬운 과목으로 20문항 중 18문항 득점을 목표로 공부하시면 좋습니다.

---

### 초보전기 II 무료동영상 시청방법

유튜브 '전기왕정원장' 검색 → 재생목록 → 초보전기 II : 전기기사, 전기산업기사의 기초를 클릭하셔서 시청하시기 바랍니다.

---

## 02 확실한 합격을 위한 출발선

### 1 전기기사 · 전기산업기사

| 핵심이론 | 출제예상문제 |
| --- | --- |
|  |  |

수험생들이 회로이론, 전기자기학, 전력공학 등의 과목 때문에 힘들어하는 모습을 보면서 전기기사 · 전기산업기사 자격증을 취득하는 데 도움을 주기 위해 출간된 교재입니다. 회로 이론, 전기자기학, 전력공학 등 어려운 과목들에서 수험생들이 힘들어 하는 내용을 압축하여 단계적으로 학습할 수 있도록 구성하였습니다.

핵심이론과 출제예상문제를 통해 학습하고, 강의를 100% 활용한다면, 기초를 보다 쉽게 정복할 수 있을 것입니다.

### 2 강의 이용 방법

초보전기 II

☑ QR코드 리더 모바일 앱 설치 → 설치한 앱을 열고 모바일로 QR코드 스캔
→ 클립보드 복사 → 링크 열기 → 동영상강의 시청

※ 전기(산업)기사 기본서 중 회로이론은 무료강의, 다른 과목들은 유료강의입니다.

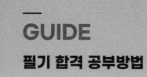

**1** 인터넷 브라우저 주소창에서 [www.mukoom.com]을 입력하여 [무지개꿈원격평생교육원]에 접속합니다.

**2** [회원가입]을 클릭하여 [무꿈 회원]으로 가입합니다.

**3** [무료강의]를 클릭하면 [무료강의] 창이 뜹니다. [무료강의] 창에서 수강하고 싶은 무료 강좌 및 기출문제 풀이 무료 동영상강의를 수강합니다.

# CONTENTS
이 책의 **차례**

**제어공학**

| Chapter 01 | 기초수학 | 10 |

| Chapter 02 | 라플라스 변환 | 24 |
| ✔ 출제예상문제 | | 29 |

| Chapter 03 | 전달함수 | 42 |
| ✔ 출제예상문제 | | 44 |

| Chapter 04 | 블록선도의 신호흐름선도 | 58 |
| ✔ 출제예상문제 | | 61 |

| Chapter 05 | 자동제어의 과도응답 | 74 |
| ✔ 출제예상문제 | | 78 |

| Chapter 06 | 편차와 감도 | 94 |
| ✔ 출제예상문제 | | 96 |

| Chapter 07 | 주파수 응답 | 104 |
| ✔ 출제예상문제 | | 109 |

| Chapter 08 | 안정도 | 120 |
| ✔ 출제예상문제 | | 124 |

# CONTENTS
이 책의 **차례**

**Chapter 09** 근궤적 ···································· 136

✔ 출제예상문제 ···································· 139

**Chapter 10** 상태방정식 ······················ 146

✔ 출제예상문제 ···································· 149

**Chapter 11** 시퀀스 제어 ···················· 162

✔ 출제예상문제 ···································· 166

**Chapter 12** 자동제어계 ······················ 176

✔ 출제예상문제 ···································· 178

# chapter
# 01

기초수학

# 01 기초수학

## 01 기초수학

### (1) 대수공식

① 2차 방정식 $ax^2 + bx + c = 0$

$$x = \frac{-b \pm \sqrt{b^2 - 4ac}}{2a}$$

ex 전계의 세기가 0이 되는 지점?

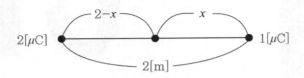

두 전하의 부호가 같은 경우 전계의 세기가 0이 되는 지점은 두 전하 사이에 존재

$$\frac{2 \times 10^{-6}}{4\pi\epsilon_0 (2-x)^2} = \frac{10^{-6}}{4\pi\epsilon_0 x^2}$$

$$2x^2 = (2-x)^2$$
$$\sqrt{2}x = 2-x$$
$$(\sqrt{2}+1)x = 2$$
$$x = \frac{2}{\sqrt{2}+1} \frac{(\sqrt{2}-1)}{(\sqrt{2}-1)} = 2(\sqrt{2}-1)[m]$$

② $\log_a a = 1$

ex $\log_{10} 10 = 1$

③ $\log_a xy = \log_a x + \log_a y$

"로그의 덧셈은 곱셈과 같다."

④ $\log_a \dfrac{y}{x} = \log_a y - \log_a x$

"로그의 뺄셈은 나눗셈과 같다."

> **ex** $E = 7xi - 7yi\,[V/m]$ 일 때, 점$(5,\ 2)[m]$를 통과하는 전기력선의 방정식은?
>
> ① $y = 10x$          ② $y = \dfrac{10}{x}$
>
> ③ $y = \dfrac{x}{10}$          ④ $y = 10x^2$
>
> **Sol.** 전기력선의 방정식 $\dfrac{dx}{E_x} = \dfrac{dy}{E_y}$
>
> $\dfrac{dx}{7x} = \dfrac{dy}{-7y}$, $\dfrac{1}{x}dx = -\dfrac{1}{y}dy$, $xy = C$
>
> 양변을 적분하면($C = 5 \times 2 = 10$)
>
> $\ln x = -\ln y + \ln c$     $\therefore xy = 10$
>
> $\ln x + \ln y = \ln c$        $y = \dfrac{10}{x}$
>
> $\ln xy = \ln c$

⑤ $\log_a x^n = n \log_a x$

> **ex** $\log_{10} 100 = \log_{10} 10^2 = 2\log_{10} 10 = 2$

⑥ 지수와 로그와의 관계

"지수형태는 로그로"         "로그형태는 지수로"

(지수 → 로그)               (로그 → 지수)

$x = a^y \Rightarrow$ 양변에 로그      $\log_a x = y$

$\log_a x = \log_a a^y$

$\therefore \log_a x = y$               $\therefore x = a^y$

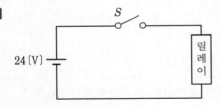

$t = 0.015$ (s), $i(t) = 10\,(\text{mA})$이면 $L(\text{H}) = ?$

**Sol.**

$R - L$ 직렬 시 과도현상

$$i(t) = \frac{E}{R}\left(1 - e^{-\frac{R}{L}t}\right)$$

$$10 \times 10^{-3} = \frac{24}{1,200}\left(1 - e^{-\frac{1,200}{L} \times 0.015}\right)$$

$$\frac{1,200 \times 10 \times 10^{-3}}{24} = 1 - e^{-\frac{18}{L}}$$

$$\frac{1}{2} = 1 - e^{-\frac{18}{L}}$$

$$e^{-\frac{18}{L}} = \frac{1}{2} = 2^{-1}$$

(양변에 자연로그)

$$\log_e e^{-\frac{18}{L}} = \log_e 2^{-1}$$

$$-\frac{18}{L} = -\log_e 2$$

$$\therefore L = \frac{18}{\log_e 2}$$

$$= 26\,(\text{H})$$

⑦ $e = 1 + \dfrac{1}{1!} + \dfrac{1}{2!} + \cdots\cdots + \dfrac{1}{n!}$   **cf.** $3! = 3 \times 2 \times 1 = 6$

   $= 2.71828 \cdots$

⑧ $e^{-at} = \dfrac{1}{e^{at}}$        $t \to \infty$ : $\dfrac{1}{e^{\infty}} = \dfrac{1}{\infty} = 0$

                $t \to 0$  : $\dfrac{1}{e^{0}} = \dfrac{1}{1} = 1$

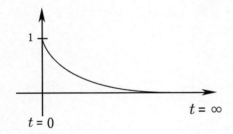

⑨ 지수함수의 곱셈과 나눗셈

    ㉠ $a^n \times a^m = a^{n+m}$

    ㉡ $a^n \div a^m = a^{n-m}$

    ㉢ $(a^n)^m = a^{n \cdot m}$

    **ex 1** $10^5 \times 10^2 = 10^{5+2} = 10^7$

    **ex 2** $10^5 \div 10^2 = 10^{5-2} = 10^3$

    **ex 3** $(10^5)^2 = 10^{5 \times 2} = 10^{10}$

⑩ 인수분해 및 통분

    ㉠ $\dfrac{1}{2} + \dfrac{1}{3} = \dfrac{3}{6} + \dfrac{2}{6} = \dfrac{5}{6}$

    ㉡ $\dfrac{1}{S^2 + 3S + 2} = \dfrac{1}{(S+1)(S+2)}$

$$= \frac{k_1}{S+1} + \frac{k_2}{S+2}$$

$$k_1 = \frac{1}{(S+1)(S+2)} \times (S+1)\Big|_{s=-1} = 1$$

$$k_2 = \frac{1}{(S+1)(S+2)} \times (S+2)\Big|_{s=-2} = -1$$

$$= \frac{1}{S+1} + \frac{-1}{S+2}$$

$$= \frac{1 \times (S+2) - 1 \times (S+1)}{(S+1)(S+2)}$$

$$= \frac{1}{(S+1)(S+2)}$$

## (2) 삼각함수

디그리(DEG)　　　레디안(RAD)　　　그라드(GRAD)

① $\sin^2 + \cos^2 A = 1$

② $\sin(A \pm B) = \sin A \cos B \pm \cos A \sin B$ (복호동순)

③ $\cos(A \pm B) = \cos A \cos B \mp \sin A \sin B$ (복호역순)

　**ex** $\mathcal{L}\left[\cos(10t - 30°)u(t)\right]$

　**Sol.** $\mathcal{L}\left[\cos 10t \cdot \cos 30° + \sin 10t \cdot \sin 30°\right]$

$$= \frac{\sqrt{3}}{2} \cdot \frac{S}{S^2 + 10^2} + \frac{1}{2} \cdot \frac{10}{S^2 + 10^2}$$

$$= \frac{0.866s + 5}{S^2 + 10^2}$$

④ $\sin^2 A = \dfrac{1 - \cos 2A}{2}$　　　**cf.**

$$\cos(A + A) = \cos A \cos A - \sin A \cdot \sin A$$

$$\cos 2A = \cos^2 A - \sin^2 A$$

$$= (1 - \sin^2 A) - \sin^2 A$$

$$\cos 2A = 1 - 2\sin^2 A$$

$$\sin^2 A = \frac{1 - \cos 2A}{2}$$

⑤ $\cos^2 A = \dfrac{1 + \cos 2A}{2}$

ex $\mathcal{L}\left[\sin^2 t\right]$

$$= \mathcal{L}\left[\frac{1-\cos 2t}{2}\right]$$

$$= \frac{1}{2}\left(\frac{1}{S} - \frac{S}{S^2+2^2}\right)$$

$$= \frac{1}{2S} - \frac{S}{2(S^2+4)}$$

⑥ $\tan A = \dfrac{\sin A}{\cos A}$

cf.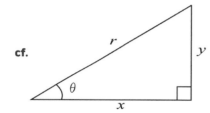

• $\tan\theta = \dfrac{y}{x} = \dfrac{\dfrac{y}{r}}{\dfrac{x}{r}} = \dfrac{\sin\theta}{\cos\theta}$

(기초 정리)

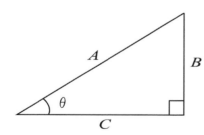

• $\sin\theta = \dfrac{B}{A}$

• $\cos\theta = \dfrac{C}{A}$

• $\tan\theta = \dfrac{B}{C}$

• $A = \sqrt{B^2+C^2}$

$\theta = \dfrac{1}{\tan} \cdot \dfrac{B}{C} = \tan^{-1}\dfrac{B}{C}$

cf. $\dfrac{1}{2} = 2^{-1}$ , $\dfrac{1}{x} = x^{-1}$ , $\dfrac{1}{10} = 10^{-1}$

• 특수각의 도수법 환산(호도법$\times\dfrac{180}{\pi}$ = 도수법)

$2\pi = 360°$      $\pi = 180°$      $\dfrac{3}{2}\pi = 270°$

$\dfrac{\pi}{2} = 90°$      $\dfrac{\pi}{3} = 60°$

$\dfrac{\pi}{4} = 45°$      $\dfrac{\pi}{6} = 30°$

• 특수각의 삼각함수값

|  | 0° | 30° | 45° | 60° | 90° |
|---|---|---|---|---|---|
| sin | $\dfrac{\sqrt{0}}{2}=0$ | $\dfrac{\sqrt{1}}{2}=\dfrac{1}{2}$ | $\dfrac{\sqrt{2}}{2}=\dfrac{1}{\sqrt{2}}$ | $\dfrac{\sqrt{3}}{2}$ | $\dfrac{\sqrt{4}}{2}=1$ |
| cos | $\dfrac{\sqrt{4}}{2}=1$ | $\dfrac{\sqrt{3}}{2}$ | $\dfrac{\sqrt{2}}{2}=\dfrac{1}{\sqrt{2}}$ | $\dfrac{\sqrt{1}}{2}=\dfrac{1}{2}$ | $\dfrac{\sqrt{0}}{2}=0$ |
| tan | $\dfrac{0}{3}=0$ | $\dfrac{\sqrt{3}}{3}=\dfrac{1}{\sqrt{3}}$ | $\dfrac{\sqrt{3}\cdot\sqrt{3}}{3}=1$ | $\dfrac{\sqrt{3}\cdot\sqrt{3}\cdot\sqrt{3}}{3}=\sqrt{3}$ | $\infty$ |

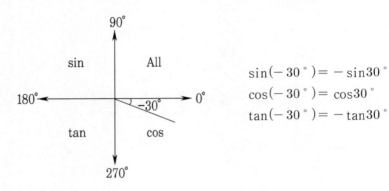

$\sin(-30°) = -\sin30°$

$\cos(-30°) = \cos30°$

$\tan(-30°) = -\tan30°$

## (3) 미분공식

① $y = x^m$

$\dfrac{dy}{dx} = y' = m \cdot x^{m-1}$

**ex** $y = x^3$

**Sol.** $y' = 3 \cdot x^{3-1} = 3x^2$

② $y = \sin x$

$y' = +\cos x$

③ $y = \cos x$

$y' = -\sin x$

④ $y = \sin ax$ (변수 $x$ 앞에 상수가 있는 경우)

$y' = (ax)'\cos ax$

$\quad = a\cos ax$

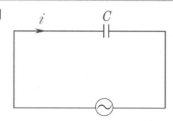

$v = V_m \sin\omega t$ [V]일 때 $C$에 흐르는 전류 $i$는?

**Sol.**

$$i = C \cdot \frac{dv}{dt} = C \cdot \frac{d}{dt}(V_m \sin\omega t)$$

$$= CV_m \frac{d}{dt}\sin\omega t$$

$$= (\omega t)' CV_m \cos\omega t$$

$$= \omega CV_m \sin(\omega t + 90°)$$

∴ C만 회로에서는 전류가 전압보다 위상이 90° 앞선다.

⑤ $y = \cos ax$

$\quad y' = -(ax)'\sin ax$

$\quad \therefore y' = -a\sin ax$

⑥ $y = e^x$

$\quad y' = (x^1)'e^x$ (지수 함수는 그대로)

$\quad = e^x \cdot 1 = e^x$

⑦ $y = e^{ax}$

$\quad y' = (ax)'e^{ax}$

$\quad \therefore y' = a \cdot e^{ax}$

ex $L = 2$ [H]이고, $i = 20\varepsilon^{-2t}$ [A]일 때 $L$의 단자 전압은?

**Sol.** $v = L\dfrac{di}{dt} = 2 \times 20 \dfrac{d}{dt}\varepsilon^{-2t}$

$= (-2t)'20 \times 2 \times \varepsilon^{-2t}$

$= -2 \times 20 \times 2 \times \varepsilon^{-2t}$

$= -80\varepsilon^{-2t}$ [V]

⑧ $y = (a+bx)^m$

　$y' = m(a+bx)^{m-1} \cdot (bx)'$

　　$= m(a+bx)^{m-1} \cdot b$

⑨ $y = \log_e x$

　$y' = \dfrac{1}{x}$

ex $y = \dfrac{1}{x} = x^{-1}$

　$y' = -1 \cdot x^{-1-1}$

　　$= -1 \cdot x^{-2}$

　　$= -\dfrac{1}{x^2}$

⑩ $y = \tan x = \dfrac{\sin x}{\cos x}$

　$y' = \dfrac{\sin x' \cdot \cos x - \sin x \cdot \cos x'}{\cos^2 x}$

　　$= \dfrac{\cos^2 x + \sin^2 x}{\cos^2 x}$

　　$= \dfrac{1}{\cos^2 x}$

ex $y = \dfrac{1}{x}$ 을 미분하면

　$y' = \dfrac{1' \cdot x - 1 \cdot x'}{x^2}$

　　$= \dfrac{0-1}{x^2} = -\dfrac{1}{x^2}$

## (4) 적분공식

① $\displaystyle\int x^n dx = \frac{x^{n+1}}{n+1}$ (적분상수 제외)

　ex $y = 3x^2$을 적분

　**Sol.** $\displaystyle\int 3x^2 dx = \frac{3}{2+1} x^{2+1} = x^3$

② $\displaystyle\int \sin x dx$

　$= -\cos x$

③ $\displaystyle\int \cos x dx$

　$= +\sin x$

④ $\displaystyle\int \sin ax dx$ (변수 $x$ 앞에 상수가 있는 경우)

　$= -\dfrac{1}{(ax)'} \cos ax = -\dfrac{1}{a} \cos ax$

---

ex

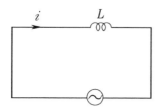

$v = V_m \sin \omega t$ [V]일 때 $L$에 흐르는 전류 $i$는?

**Sol.**

$i = \dfrac{1}{L} \displaystyle\int (V_m \sin \omega t) dt$

$= \dfrac{V_m}{L} \displaystyle\int \sin \omega t \, dt$

$$= -\frac{V_m}{(\omega t)'L}\cos\omega t = -\frac{V_m}{\omega L}\cos\omega t$$

$$= -\frac{V_m}{\omega L}\sin(\omega t + 90°)$$

$$= \frac{V_m}{\omega L}\sin(\omega t - 90°)$$

∴ L만 회로에서는 전류가 전압보다 위상이 90° 뒤진다.

⑤ $\int \cos ax\,dx$

$$= \frac{1}{(ax)'} \cdot \sin ax$$

$$= \frac{1}{a}\sin ax$$

⑥ $\int e^x dx$

$$= \frac{e^x}{(x)'} = \frac{e^x}{1} = e^x$$

⑦ $\int e^{ax} dx$

$$= \frac{1}{(ax)'} \cdot e^{ax}$$

$$= \frac{1}{a}e^{ax}$$

⑧ $\int (a+bx)^n dx$

$$= \frac{1}{n+1}(a+bx)^{n+1} \cdot \frac{1}{(bx)'}$$

$$= \frac{(a+bx)^{n+1}}{(n+1)b}$$

⑨ $\displaystyle\int \frac{1}{x}dx = \log_e x$

⑩ $\displaystyle\int u\frac{dv}{dx}dx = uv - \int \frac{du}{dx}v\,dx$
   (부분적분법)

ex $\mathcal{L}\left[f(t)\right] = \displaystyle\int_0^\infty f(t)\cdot e^{-st}dt$

$\mathcal{L}\left[t\right] = \displaystyle\int_0^\infty t\cdot e^{-st}dt$

$\displaystyle = \left[t\cdot\left(\frac{1}{S}e^{-st}\right)\right]_0^\infty - \int_0^\infty 1\cdot\left(-\frac{1}{S}e^{-st}\right)dt$

$\displaystyle = -\frac{1}{S}\left[\frac{t}{e^{st}}\right]_0^\infty - \int_0^\infty 1\cdot\left(-\frac{1}{S}e^{-st}\right)dt$

$\displaystyle = 0 - \left(-\frac{1}{S}\right)\int e^{-st}dt$

$\displaystyle = -\frac{1}{S^2}\left[\frac{1}{e^{st}}\right]_0^\infty$

$\displaystyle = -\frac{1}{S^2}\left[0 - \frac{1}{1}\right]$

$\displaystyle = \frac{1}{S^2}$

$\therefore \mathcal{L}\left[t^n\right] = \dfrac{n!}{S^{n+1}}$

$\mathcal{L}\left[t\right] = \dfrac{1}{S^2}$

# chapter

# 02

---

# 라플라스 변환

**01** $\mathcal{L}[f(t)] = \int_0^\infty f(t) \cdot e^{-st}dt = F(s)$ : 라플라스의 정의

① $\mathcal{L}[1] = \int_0^\infty 1 \cdot e^{-st}dt = \dfrac{1}{-S}\left[e^{st}\right]_0^\infty$

$\qquad = -\dfrac{1}{S}[0-1]$

$\qquad = \dfrac{1}{S}$

② $\mathcal{L}[t] = \int_0^\infty t \cdot e^{st}dt$

$\int u\dfrac{dv}{dx}dx = u \cdot v - \int \dfrac{du}{dx} \cdot vdx$

$\qquad = \left[t \cdot \left(-\dfrac{1}{S}\right)e^{-st}\right]_0^\infty - \int_0^\infty 1 \cdot \left(-\dfrac{1}{S}\right)e^{st}dt$

$\qquad = -\left(-\dfrac{1}{S}\right)\int_0^\infty e^{-st}dt$

$\qquad = -\left(-\dfrac{1}{S}\right)^2\left[e^{-st}\right]_0^\infty$

$\qquad = -\left(-\dfrac{1}{S}\right)^2[0-1]$

$\qquad = \dfrac{1}{S^2}$

③ $\mathcal{L}\left[e^{-at}\right] = \int_0^\infty e^{-et} \cdot e^{-st}dt$

$\qquad = \int_0^\infty e^{-(s+a)t}dt$

$\qquad = \left[-\dfrac{1}{(S+a)}e^{-(s+a)t}\right]_0^\infty$

$\qquad = \dfrac{1}{-(S+a)}[0-1]$

$\qquad = \dfrac{1}{S+a}$

(1) $\mathcal{L}\left[t^n\right]=\dfrac{n!}{S^{n+1}}\,(4!=4\times3\times2\times1)$

    **ex 1** $\mathcal{L}\left[1\right]=\mathcal{L}\left[t^\circ\right]=\dfrac{0!}{S^{0+1}}=\dfrac{1}{s}$

    **ex 2** $\mathcal{L}\left[t\right]=\dfrac{1!}{S^{1+1}}=\dfrac{1}{S^2}$

    **ex 3** $\mathcal{L}\left[3t^2\right]=3\times\dfrac{2!}{S^{2+1}}=\dfrac{6}{S^3}$

(2) $\mathcal{L}\left[t\cdot e^{-at}\right]=\dfrac{1}{S^2}\bigg|_{s=s+a}=\dfrac{1}{(S+a)^2}$

    **ex** $\mathcal{L}\left[t\cdot e^{at}\right]=\dfrac{1}{S^2}\bigg|_{s=s-a}=\dfrac{1}{(S-a)^2}$

    ※ $\sin\omega t=\dfrac{e^{j\omega t}-e^{-j\omega t}}{2j}$ → sin 함수를 지수함수로 나타낸 것

      $\cos\omega t=\dfrac{e^{j\omega t}+e^{-j\omega t}}{2}$ → cos 함수를 지수함수로 나타낸 것

(3) $\mathcal{L}\left[\sin\omega t\right]=\mathcal{L}\left[\dfrac{e^{j\omega t}-e^{-j\omega t}}{2j}\right]$

$$=\dfrac{1}{2j}\left[\int_0^\infty (e^{j\omega t}-e^{-j\omega t})\cdot e^{-st}dt\right]$$

$$=\dfrac{1}{2j}\left[\int_0^\infty e^{-(s-j\omega)t}dt-\int_0^\infty e^{-(s+j\omega)t}dt\right]$$

$$=\dfrac{1}{2j}\left[\dfrac{1}{S-j\omega}-\dfrac{1}{S+j\omega}\right]=\dfrac{\omega}{S^2+\omega^2}$$

    **ex** $\mathcal{L}\left[e^{-at}\sin\omega t\right]$

$$=\dfrac{w}{S^2+w^2}\bigg|_{s=s+a}$$

$$=\dfrac{\omega}{(S+a)^2+\omega^2}$$

**(4)** $\mathcal{L}\left[\cos\omega t\right] = \mathcal{L}\left[\dfrac{e^{j\omega t} + e^{-j\omega t}}{2}\right]$

$$= \frac{1}{2}\left[\int_0^\infty (e^{j\omega t} + e^{-j\omega t}) \cdot e^{-st} dt\right]$$

$$= \frac{1}{2}\left[\int_0^\infty e^{-(s-j\omega)t} dt + \int_0^\infty e^{-(s+j\omega)t} dt\right]$$

$$= \frac{1}{2}\left[\frac{1}{S-j\omega} + \frac{1}{S+j\omega}\right]$$

$$= \frac{s}{S^2 + \omega^2}$$

**(5)** $\mathcal{L}\left[u(t-a)\right] = \dfrac{1}{S}e^{-as}$

ex **1**

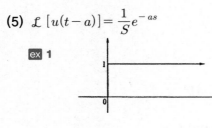

$f(t) = u(t)$

$F(s) = \dfrac{1}{S}$

ex **2**

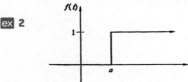

$f(t) = u(t-a)$

$F(s) = \dfrac{1}{S}e^{-as}$

ex **3**

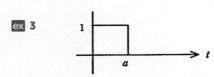

$f(t) = u(t) - u(t-a)$

$F(s) = \dfrac{1}{S} - \dfrac{1}{S}e^{-as}$

ex **4**

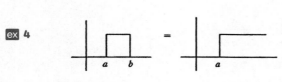 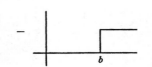

$f(t) = u(t-a) - u(t-b)$

$F(s) = \dfrac{1}{S}e^{-as} - \dfrac{1}{S}e^{-bs}$

$$= \frac{1}{S}\left(e^{-as} - e^{-bs}\right)$$

**(6)** $\mathcal{L}\left[\dfrac{d}{dt}f(t)\right] = S \cdot F(s) - f(0)$

$\mathcal{L}\left[\displaystyle\int f(t)dt\right] = \dfrac{F(s)}{S} + \dfrac{f'(0)}{S}$

**(7) 초기값 정리 :** $\displaystyle\lim_{t \to 0} f(t) = \lim_{s \to \infty} S \cdot F(s)$

**최종값 정리 :** $\displaystyle\lim_{t \to \infty} f(t) = \lim_{s \to 0} S \cdot F(s)$

**(8)** $\mathcal{L}\left[t^n f(t)\right] = (-1)^n \cdot \dfrac{d^n}{dS^n} F(s)$

> ex $\mathcal{L}\left[t \cdot \sin\omega t\right]$
>
> $= (-1) \cdot \dfrac{d}{dS}\left(\dfrac{\omega}{S^2 + \omega^2}\right)$
>
> $= (-1) \cdot \dfrac{\omega'(S^2 + \omega^2) - \omega(S^2 + \omega^2)}{(S^2 + \omega^2)^2}$
>
> $= (-1) \cdot \dfrac{0 - 2\omega S}{(S^2 + \omega^2)^2}$
>
> $= \dfrac{2\omega S}{(S^2 + \omega^2)^2}$

> ex $\mathcal{L}\left[t \cdot \cos\omega t\right] = (-1)\dfrac{d}{dS}\left(\dfrac{S}{S^2 + \omega^2}\right)$
>
> $\qquad = (-1)\dfrac{S'(S^2 + \omega^2) - S(S^2 + \omega^2)'}{(S^2 + \omega^2)^2}$
>
> $\qquad = \dfrac{S^2 - \omega^2}{(S^2 + \omega^2)^2}$

## 02 라플라스 역변환

**(1) 인수분해 가능(부분 분수 → 지수 함수)**

$F(s) = \dfrac{1}{S^2 + 3S + 2} = \dfrac{1}{(S+1)(S+2)}$

$\qquad = \dfrac{k_1}{S+1} + \dfrac{k_2}{S+2} = \dfrac{1}{S+1} - \dfrac{1}{S+2}$

$$k_1 = F(s) \times (S+1) \big|_{s=-1}$$

$$= \frac{1}{(S+1)(S+2)} \times (S+1) \bigg|_{s=-1} = 1$$

$$k_2 = F(s) \times (S+2) \big|_{s=-2}$$

$$= \frac{1}{(S+1)(S+2)} \times (S+2) \bigg|_{s=-2} = -1$$

$$f(t) = k_1 \cdot e^{-t} + k_2 \cdot e^{-2t}$$

$$= e^{-t} - e^{-2t}$$

### (2) 인수분해 불가능(완전 제곱꼴 → sin 함수 → cos 함수)

ex $F(s) = \dfrac{1}{S^2 + 2S + 2} = \dfrac{1}{(S+1)^2 + 1^2}$

$$\therefore f(t) = \sin t e^{-t}$$

ex $F(s) = \dfrac{2S+3}{S^2 + 2S + 2} = \dfrac{2(S+1)+1}{(S+1)^2 + 1^2}$

$$= \frac{2(S+1)}{(S+1)^2 + 1} + \frac{1}{(S+1)^2 + 1^2}$$

$$\therefore f(t) = 2 \cdot \cos t \cdot e^{-t} + \sin t \cdot e^{-t}$$

### (3) 중근(부분 분수)

$$F(s) = \frac{1}{S(S+1)^2}$$

$$= \frac{k_1}{S} + \frac{k_2}{(S+1)^2} + \frac{k_3}{S+1}$$

$$k_1 = F(s) \times S \big|_{s=0} = 1$$

$$k_2 = F(s) \times (S+1)^2 \big|_{s=-1} = -1$$

$$k_3 = \left[ F(s) \times (S+1)^2 \right] \frac{d}{dS} \bigg|_{s=-1} = -\frac{1}{S^2} \bigg|_{s=-1} = -1$$

$$\therefore = \frac{1}{S} + \frac{-1}{(S+1)^2} + \frac{-1}{S+1}$$

$$k_3 = -k_1$$

$$f(t) = 1 - t \cdot e^{-t} - e^{-t}$$

**01** 함수 $f(t)$ 라플라스 변환은 어떤 식으로 정의되는가?

① $\displaystyle\int_{-\infty}^{\infty} f(t)e^{-st}dt$

② $\displaystyle\int_{-\infty}^{\infty} f(t)e^{st}dt$

③ $\displaystyle\int_{0}^{\infty} f(t)e^{-st}dt$

④ $\displaystyle\int_{0}^{\infty} f(t)e^{st}dt$

해설

시간이 0 ~ ∞까지 표현

**02** 그림과 같은 직류 전압의 라플라스 변환을 구하면?

① $\dfrac{E}{S-1}$

② $\dfrac{E}{S+1}$

③ $\dfrac{E}{S}$

④ $\dfrac{E}{S^2}$

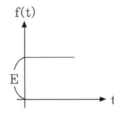

해설

$£\,[E\cdot u(t)] = \dfrac{E}{s}$

**03** 단위램프함수 $\rho(t) = tu(t)$의 라플라스 변환은?

① $\dfrac{1}{S^2}$

② $\dfrac{1}{S}$

③ $\dfrac{1}{S^3}$

④ $\dfrac{1}{S^4}$

해설

$£\,[t\cdot u(t)] = \dfrac{1!}{S^{1+1}} = \dfrac{1}{S^2}$

**04** $f(t) = t^2$의 라플라스 변환은?

① $\dfrac{2}{S}$

② $\dfrac{2}{S^2}$

③ $\dfrac{2}{S^3}$

④ $\dfrac{2}{S^4}$

정답 | 01 ③  02 ③  03 ①  04 ③

**해설**

$$\mathcal{L}\left[t^2\right] = \frac{2!}{S^{2+1}} = \frac{2}{S^3}$$

**05** $\cos wt$의 라플라스 변환은?

① $\dfrac{S}{S^2-w^2}$      ② $\dfrac{S}{S^2+w^2}$      ③ $\dfrac{w}{S^2-w^2}$      ④ $\dfrac{w^2}{S^2+w^2}$

**해설**

$$\mathcal{L}\left[\cos wt\right] = \frac{S}{S^2+w^2}$$

**06** $\mathcal{L}\left[\sin t\right] = \dfrac{1}{S^2+1}$ 을 이용하여 ㉮ $\mathcal{L}\left[\cos wt\right]$, ㉯ $\mathcal{L}\left[\sin at\right]$를 구하면?

① ㉮ $\dfrac{1}{S^2-a^2}$   ㉯ $\dfrac{1}{S^2-w^2}$      ② ㉮ $\dfrac{1}{S+a}$   ㉯ $\dfrac{1}{S+w}$

③ ㉮ $\dfrac{S}{S^2+w^2}$   ㉯ $\dfrac{a}{S^2+a^2}$      ④ ㉮ $\dfrac{1}{S+a}$   ㉯ $\dfrac{1}{S-w}$

**해설**

$$\mathcal{L}\left(\cos wt\right) = \frac{S}{S^2+w^2}$$

$$\mathcal{L}\left(\sin at\right) = \frac{a}{S^2+a^2}$$

**07** $f(t) = \sin t + 2\cos t$를 라플라스 변환하면?

① $\dfrac{2S}{S^2+1}$             ② $\dfrac{2S+1}{(S+1)^2}$

③ $\dfrac{2S+1}{S^2+1}$            ④ $\dfrac{2S}{(S+1)^2}$

**해설**

$$f(t) = \sin t + 2\cos t$$

$$F(s) = \frac{1}{S^2+1} + \frac{2S}{S^2+1} = \frac{2S+1}{S^2+1}$$

**정답**   05 ②   06 ③   07 ③

**08** $f(t) = \sin(wt + \theta)$의 라플라스 변환은?

① $\dfrac{w\sin\theta}{S^2 + w^2}$

② $\dfrac{2S+1}{(S+1)^2}$

③ $\dfrac{\cos\theta + \sin\theta}{S^2 + w^2}$

④ $\dfrac{w\cos\theta + s\sin\theta}{S^2 + w^2}$

> **해설**
> $f(t) = \sin(\omega t + \theta) = \sin\omega t \cos\theta + \cos\omega t \sin\theta$
> $F(s) = \dfrac{\omega\cos\theta}{S^2 + \omega^2} + \dfrac{S\sin\theta}{S^2 + \omega^2} = \dfrac{\omega\cos\theta + S\sin\theta}{S^2 + \omega^2}$

**09** 자동제어계에서 중량함수(weight function)라고 불려지는 것은?

① 임펄스　　　　② 인디셜　　　　③ 전달함수　　　　④ 램프함수

**10** $f(t) = 1 - e^{-at}$의 라플라스 변환은? (단, a는 상수이다.)

① $u(s) - e^{-as}$　　② $\dfrac{2S+a}{S(S+a)}$　　③ $\dfrac{a}{S(S+a)}$　　④ $\dfrac{a}{S(S-a)}$

> **해설**
> $f(t) = 1 - e^{-at}$
> $F(s) = \dfrac{1}{S} - \dfrac{1}{S}\bigg|_{s=S+a}$
> $\quad = \dfrac{1}{S} - \dfrac{1}{S+a} = \dfrac{a}{S(S+a)}$

**11** $f(t) = \delta(t) - be^{-bt}$의 라플라스 변환은? (단, $\delta(t)$는 임펄스 함수이다.)

① $\dfrac{b}{S+b}$　　　　② $\dfrac{S(1-b)+5}{S(S+b)}$　　　③ $\dfrac{1}{S(S+b)}$　　　④ $\dfrac{S}{S+b}$

> **해설**
> $f(t) = 1 - b \cdot \dfrac{1}{S}\bigg|_{s=s+b} = 1 - \dfrac{b}{S+b} = \dfrac{S}{S+b}$

**12** 그림과 같이 표시된 단위계단함수는?

① $u(t)$       ② $u(t-a)$

③ $u(t+a)$       ④ $-u(t-a)$

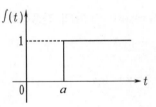

**13** 그림과 같이 표시되는 파형을 함수로 표시하는 식은?

① $3u(t)-u(t-2)$

② $3u(t)-3u(t-2)$

③ $3u(t)+3u(t-2)$

④ $3u(t+2)-3u(t)$

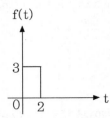

**14** 그림과 같이 높이가 1인 펄스의 라플라스 변환식은?

① $\dfrac{1}{S}(e^{-as}+e^{-bs})$

② $\dfrac{1}{S}(e^{-as}-e^{-bs})$

③ $\dfrac{1}{a-b}[\dfrac{e^{-as}+e^{-bs}}{S}]$

④ $\dfrac{1}{a-b}[\dfrac{e^{-as}-e^{-bs}}{S}]$

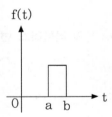

해설
$$f(t) = 1 \cdot u(t-a)-1 \cdot u(t-b)$$
$$F(s) = \frac{1}{S}e^{-as}-\frac{1}{S}e^{-bs}=\frac{1}{S}(e^{-as}-e^{-bs})$$

**15** 그림과 같은 RAMP함수의 Laplace는 어느 것인가?

① $e^{s} \cdot \dfrac{1}{S^2}$       ② $e^{-s} \cdot \dfrac{1}{S^2}$

③ $e^{2s} \cdot \dfrac{1}{S^2}$       ④ $e^{-2s} \cdot \dfrac{1}{S^2}$

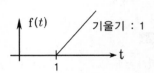

정답  12 ②  13 ②  14 ②  15 ②

**16** 다음 파형의 Laplace 변환은?

① $\dfrac{E}{T}e^{-Ts}$       ② $-\dfrac{E}{TS}e^{-Ts}$

③ $-\dfrac{E}{TS^2}e^{-Ts}$       ④ $\dfrac{E}{TS^2}e^{-Ts}$

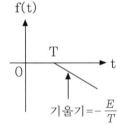

기울기 $=-\dfrac{E}{T}$

**17** 함수 $f(t) = te^{at}$를 옳게 라플라스 변환시킨 것은?

① $F(s) = \dfrac{1}{(S-a)^2}$       ② $F(s) = \dfrac{1}{S-a}$

③ $F(s) = \dfrac{1}{S(S-a)}$       ④ $F(s) = \dfrac{1}{S(S-a)^2}$

> **해설**
>
> $\mathcal{L}(t \cdot e^{at}) = \dfrac{1}{S^2}\Big|_{s=s-a}$
>
> $\quad\quad\quad = \dfrac{1}{(S-a)^2}$

**18** $f(t) = te^{-at}$일 때 라플라스 변환하면 $F(s)$의 값은?

① $\dfrac{2}{(S+a)^2}$       ② $\dfrac{1}{S(S-a)}$

③ $\dfrac{1}{(S+a)^2}$       ④ $\dfrac{1}{S+a}$

> **해설**
>
> $\mathcal{L}(t \cdot e^{-at}) = \dfrac{1}{S^2}\Big|_{s=S+a}$
>
> $\quad\quad\quad = \dfrac{1}{(S+a)^2}$

**19** $e^{-2t}\cos 3t$의 라플라스 변환은?

① $\dfrac{S+2}{(S+2)^2+3^2}$       ② $\dfrac{S-2}{(S-2)^2+3^2}$

③ $\dfrac{S}{(S+2)^2+3^2}$       ④ $\dfrac{S}{(S-2)^2+3^2}$

해설

$$\mathcal{L}\left(e^{-2t}\cdot\cos 3t\right)=\frac{S}{S^2+3^2}\bigg|_{s=s+2}$$

$$=\frac{S+2}{(S+2)^2+3^2}$$

**20** $\mathcal{L}\left[\cos\left(10t-30°\right)\cdot u(t)\right]$는?

① $\dfrac{S+1}{S^2+100}$

② $\dfrac{S+30}{S^2+100}$

③ $\dfrac{0.866s}{S^2+100}$

④ $\dfrac{0.866s+5}{S^2+100}$

해설

$$\mathcal{L}\left(\cos\left(10t-30°\right)\cdot u(t)\right)$$

$$=\mathcal{L}\left(\cos 10t\cdot\cos 30°+\sin 10t\cdot\sin 30°\right)$$

$$=\frac{\sqrt{3}}{2}\cdot\frac{S}{S^2+10^2}+\frac{1}{2}\cdot\frac{10}{S^2+10^2}$$

$$=\frac{0.866s+5}{S^2+10^2}$$

**21** $f(t)=\mathcal{L}\left[e^{-4t}\cos\left(10t-30°\right)\cdot u(t)\right]$는?

① $\dfrac{0.866S+10}{(S+4)^2+100}$

② $\dfrac{0.866S+5}{(S+4)^2+100}$

③ $\dfrac{0.866(S+4)+5}{(S+4)^2+100}$

④ $\dfrac{0.866S+5}{S^2+100}$

해설

$$f(t)=\frac{0.866S+5}{S^2+10^2}\bigg|_{s=s+4}$$

$$=\frac{0.866(S+4)+5}{(S+4)^2+10^2}$$

정답  **20** ④  **21** ③

**22** 임의의 함수 $f(t)$에 대한 라플라스 변환 $\mathcal{L}[f(t)] = F[s]$라고 할 때 최종값 정리는?

① $\lim_{s \to 0} F(s)$ 　　　　　　　　　　② $\lim_{s \to \infty} SF(s)$

③ $\lim_{s \to \infty} F(s)$ 　　　　　　　　　　④ $\lim_{s \to 0} SF(s)$

해설

$$\lim_{t \to \infty} f(t) = \lim_{s \to 0} S \cdot F(s)$$

**23** 다음과 같은 2개의 전류의 초기값 $i_1(0_+)$, $i_2(0_+)$가 옳게 구해진 것은?

$$I_1(s) = \frac{12(S+8)}{4S(S+6)}, \quad I_2(s) = \frac{12}{S(S+6)}$$

① 3, 0 　　　　② 4, 0 　　　　③ 4, 2 　　　　④ 3, 4

해설

초기값 정리

$$\lim_{t \to 0} i_1(t) = \lim_{s \to \infty} S\, i_1(S)$$
$$= \lim_{s \to \infty} S \cdot \frac{12(S+8)}{4S(S+6)} = 3$$

$$\lim_{t \to 0} i_2(S) = \lim_{s \to \infty} S\, i_2(S)$$
$$= \lim_{s \to \infty} S \cdot \frac{12}{S(S+6)} = \frac{0}{\infty} = 0$$

**24** 다음과 같은 $I(s)$의 초기값 $i(0^+)$가 바르게 구해진 것은?

$$I(s) = \frac{2(S+1)}{S^2 + 2S + 5}$$

① $\frac{2}{5}$ 　　　　② $\frac{1}{5}$ 　　　　③ 2 　　　　④ $-2$

해설

$$i(0^+) = \lim_{s \to \infty} S \cdot I(s)$$
$$= \lim_{s \to \infty} \frac{2S^2 + 2S}{S^2 + 2S + t}$$
$$= \lim_{s \to \infty} \frac{2 + \dfrac{2}{S}}{1 + \dfrac{2}{S} + \dfrac{5}{S^2}}$$
$$= 2$$

정답 **22** ④ **23** ① **24** ③

**25** 어떤 함수 $f(t)$의 라플라스 변환식 $F(s)$가 다음과 같을 때 이 함수의 최종값을 구하면?

$$F(s) = \frac{2S^2 + 4S + 2}{S(S^2 + 2S + 2)}$$

① 0          ② 1          ③ 2          ④ 4

**해설**

$$\lim_{t \to \infty} f(t) = \lim_{s \to 0} S \cdot F(s)$$
$$= \lim_{s \to 0} \frac{2S^2 + 4S + 2}{S^2 + 2S + 2} = 1$$

**26** $F(s) = \dfrac{3S + 10}{S^3 + 2S^2 + 5S}$ 일 때 $f(t)$의 최종값은?

① 0          ② 1          ③ 2          ④ 8

**해설**

$$\lim_{t \to \infty} f(t) = \lim_{s \to 0} S \cdot F(s)$$
$$= \lim_{s \to 0} \frac{3S + 10}{S^2 + 2S + 5}$$
$$= \frac{10}{5} = 2$$

**27** 어떤 제어계의 출력이 $C(s) = \dfrac{5}{S(S^2 + 2S + 2)}$ 로 주어질 때 출력의 시간함수 $C(t)$의 정상값은?

① 5          ② 2          ③ $\dfrac{2}{5}$          ④ $\dfrac{5}{2}$

**해설**

$$\lim_{t \to \infty} f(t) = \lim_{s \to 0} S \cdot C(s)$$
$$= \lim_{s \to 0} \frac{5}{S^2 + 2S + 2} = \frac{5}{2}$$

**정답** 25 ②   26 ③   27 ④

**28** $F(s) = \dfrac{5S+3}{S(S+1)}$ 의 정상값 $f(\infty)$는?

① 3　　　　　　　② $-3$　　　　　　　③ 2　　　　　　　④ $-2$

해설

$$F(\infty) = \lim_{s \to 0} S \cdot F(s)$$
$$= \lim_{s \to 0} \frac{5S+3}{S+1}$$
$$= 3$$

**29** $\dfrac{1}{S(S+1)}$ 의 라플라스 역변환을 구하면?

① $e^{-t}\sin t$　　　　② $1+e^{-t}$　　　　③ $1-e^{-t}$　　　　④ $e^{-t}\cos t$

해설

$$F(s) = \frac{1}{S(S+1)} = \frac{k_1}{S} + \frac{k_2}{S+1}$$
$$k_1 = F(s) \times S|_{s=0} = 1, \quad k_2 = F(s) \times (S+1)|_{s=-1} = -1$$
$$\therefore F(s) = \frac{1}{S} - \frac{1}{S+1} \qquad \therefore f(t) = 1 - e^{-t}$$

**30** $F(s) = \dfrac{1}{S(S-1)}$ 의 라플라스 역변환은?

① $1-e^t$　　　　② $1-e^{-t}$　　　　③ $e^t-1$　　　　④ $e^{-t}-1$

해설

$$F(s) = \frac{1}{S(S-1)}$$
$$= \frac{k_1}{S} + \frac{k_2}{S-1}$$
$$k_1 = F(s) \times S|_{s=0} = \frac{1}{S-1}\bigg|_{s=0} = -1$$
$$k_2 = F(s) \times (S-1)|_{s=1} = \frac{1}{S}\bigg|_{s=0} = 1$$
$$F(s) = \frac{-1}{S} + \frac{1}{S-1}$$
그러므로
$$F(t) = -1 + e^t$$

정답 **28** ①　**29** ③　**30** ③

**31** $\dfrac{S+1}{S^2+2S}$ 로 주어졌을 때 $F(s)$의 역변환을 한 것은 어느 것인가?

① $\dfrac{1}{2}(1+e^t)$　　　② $\dfrac{1}{2}(1-e^{-t})$　　　③ $\dfrac{1}{2}(1+e^{-2t})$　　　④ $\dfrac{1}{2}(1-e^{-2t})$

**해설**

$$F(s) = \frac{1}{S(S+1)} = \frac{k_1}{S} + \frac{k_2}{S+2}$$

$$k_1 = F(s) \times s|_{s=0} = \frac{S+1}{S+2}\Big|_{s=0} = \frac{1}{2}$$

$$k_2 = F(s) \times (S+2)|_{s=-2} = \frac{S+1}{S}\Big|_{s=-2} = -\frac{1}{2}$$

$$F(s) = \frac{1}{2}\left(\frac{1}{S} + \frac{1}{S+2}\right)$$

그러므로

$$F(t) = \frac{1}{2}\left(1 + e^{-2t}\right)$$

**32** $F(s) = \dfrac{S+2}{(S+1)^2}$ 의 시간함수 $F(t)$는?

① $f(t) = e^{-t} + te^{-t}$　　　　　② $f(t) = e^{-t} - te^{-t}$

③ $f(t) = e^t + (e^t)^2$　　　　　④ $f(t) = e^{-t} + (e^{-t})^2$

**해설**

$$F(s) = \frac{(S+1)}{(S+1)^2} = \frac{S+1}{(S+1)^2} + \frac{1}{(S+1)^2}$$
$$= \frac{1}{S+1} + \frac{1}{(S+1)^2}$$

그러므로

$$F(t) = e^{-t} + t \cdot e^{-t}$$

**33** $\mathcal{L}^{-1}\left(\dfrac{S}{(S+1)^2}\right)$는?

① $e^{-t} - te^{-t}$　　　② $e^{-t} - 2te^{-t}$　　　③ $e^{-t} + 2te^{-t}$　　　④ $e^{-t} + te^{-t}$

정답 **31** ③　**32** ①　**33** ①

**해설**

$$F(s) = \frac{1}{(S+1)^2} = \frac{S+1}{(S+1)^2} + \frac{-1}{(S+1)^2}$$
$$= \frac{1}{S+1} + \frac{1}{(S+1)^2}$$

그러므로

$$F(t) = e^{-t} - te^{-t}$$

**34** $f(t) = \mathcal{L}^{-1}\left[\dfrac{1}{S^2+6S+10}\right]$ 의 값은 얼마인가?

① $e^{-3t}\sin t$                    ② $e^{-t} - 2te^{-t}$

③ $e^{-t} + 2te^{-t}$                    ④ $e^{-t}\sin 5wt$

**해설**

$$f(s) = \frac{1}{S^2+6S+10} = \frac{1}{S^2+6S+9+1}$$
$$= \frac{1}{(S+3)^2+1^2}$$

$$\therefore f(t) = \sin t \cdot e^{-3t}$$

**35** $f(s) = \dfrac{1}{(S+1)^2(S+2)}$ 의 역라플라스 변환을 구하면?

① $e^{-t} + te^{-t} + e^{-2t}$                    ② $-e^{-t} + te^{-t} + e^{-2t}$

③ $e^{-t} - te^{-t} + e^{-2t}$                    ④ $e^t + te^t + e^{2t}$

**해설**

$$f(s) = \frac{1}{(S+1)^2(S+2)} = \frac{K_1}{(S+1)^2} + \frac{K_2}{(S+1)} + \frac{K_3}{(S+2)}$$

$$K_1 = \lim_{S \to -1}(S+1)^2 \cdot F(s) = \left[\frac{1}{S+2}\right]_{S=-1} = 1$$

$$K_2 = \lim_{S \to -1}\frac{d}{ds}\left(\frac{1}{S+2}\right) = \left[\frac{-1}{(S+2)^2}\right]_{S=-1} = -1$$

$$K_3 = \lim_{S \to -2}(S+2) \cdot F(s) = \left[\frac{1}{(S+1)^2}\right]_{S=-2} = 1$$

$$f(s) = \frac{1}{(S+1)^2} - \frac{1}{(S+1)} + \frac{1}{(S+2)}$$

$$\therefore f(t) = \mathcal{L}^{-1}[F(s)] = te^{-t} - e^{-t} + e^{-2t}$$

**정답** **34** ① **35** ②

**36** 그림과 같은 구형파의 라플라스 변환은?

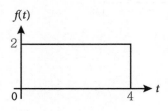

① $\dfrac{2}{s}(1-e^{4s})$

② $\dfrac{2}{s}(1-e^{-4s})$

③ $\dfrac{4}{s}(1-e^{4s})$

④ $\dfrac{4}{s}(1-e^{-4s})$

[해설] Chapter 02 – [01]

라플라스 변환

$f(t) = 2u(t) - 2u(t-4)$

$F(s) = 2\dfrac{1}{s} - 2\dfrac{1}{s}e^{-4s}$

$\quad = \dfrac{2}{s}(1-e^{-4s})$

**37** $f(t) = u(t-a) - u(t-b)$의 라플라스 변환 $F(s)$는?

① $\dfrac{1}{s^2}(e^{-as} - e^{-bs})$

② $\dfrac{1}{s}(e^{-as} - e^{-bs})$

③ $\dfrac{1}{s^2}(e^{as} - e^{bs})$

④ $\dfrac{1}{s}(e^{as} - e^{bs})$

[해설] Chapter 02 – [01]

$f(t) = u(t-a) - u(t-b)$

$F(s) = \dfrac{1}{s} \cdot e^{-as} - \dfrac{1}{s} \cdot e^{-bs} = \dfrac{1}{s}(e^{-as} - e^{-bs})$

# chapter
# 03

# 전달함수

# 03 전달함수

## 01 정의

모든 초기값을 0으로 한 상태에서 입력 라플라스에 대한 출력 라플라스와의 비를 전달함수라 한다.

$$\frac{r(t)}{R(s)} \rightarrow \boxed{G(s)} \rightarrow \frac{c(t)}{C(s)}$$

$$\therefore G(s) = \frac{\mathcal{L}\left[c(t)\right]}{\mathcal{L}\left[r(t)\right]} = \frac{C(s)}{R(s)}$$

## 02 직렬회로의 전달함수

입력 임피던스에 대한 출력 임피던스와의 비를 말한다.

소자에 따른 임피던스

$$R : Z = R[\Omega], \ L : Z = LS[\Omega], \ C : Z = \frac{1}{CS}[\Omega]$$

## 03 제어요소의 함수

**(1)** 비례요소 $G(s) = \dfrac{Y(s)}{X(s)} = K$ ($K$ : 이득정수)

**(2)** 미분요소 $G(s) = \dfrac{Y(s)}{X(s)} = KS$

**(3)** 적분요소 $G(s) = \dfrac{Y(s)}{X(s)} = \dfrac{K}{S}$

**(4)** 1차 지연요소 $G(s) = \dfrac{Y(s)}{X(s)} = \dfrac{K}{TS+1}$

**(5)** 2차 지연요소 $G(s) = \dfrac{Y(s)}{X(s)} = \dfrac{Kw_n^2}{S^2 + 2\delta w_n S + w_n^2}$

단, $\delta = \xi$은 감쇠 계수 또는 제동비, $w_n$은 고유 주파수

**(6)** 부동작 시간요소 $G(s) = \dfrac{Y(s)}{X(s)} = Ke^{-LS}$ (단, $L$ : 부동작 시간)

## 04 운동계와 전기계의 상대적 관계

| 전기계 | 운동계 | |
|---|---|---|
| | 병진운동(직선운동) | 회전운동 |
| 전압 $V(t)$ | 힘 $f(t)$ | 토크 $T(t)$ |
| 전류 $I(t)$ | 속도 $v(t)$ | 각속도 $w(t)$ |
| 전하량 $q(t)$ | 변위 $x(t)$ | 각변위 $\theta(t)$ |
| 저항 $R$ | 점성마찰계수 $B=\mu$ | 회전마찰계수 $B=\mu$ |
| 인덕턴스 $L$ | 질량 $M$ | 관성모멘트 $J$ |
| 정전용량 $C$ | 스프링상수 $K$ | 비틀림상수 $K$ |

### (1) 인덕턴스에 의한 전압

$$V_L(t) = L\frac{di(t)}{dt} = L\frac{d^2q(t)}{dt^2}\,[\text{V}]$$

### (2) 질량에 작용하는 힘

$$f(t) = M\frac{dv(t)}{dt} = M\frac{d^2x(t)}{dt^2}\,[\text{N}]$$

### (3) 관성모멘트에 의한 토크(회전력)

$$T(t) = J\frac{dw(t)}{dt} = J\frac{d^2\theta(t)}{dt^2}\,[\text{N}\cdot\text{m}]$$

**01** 다음 중 부동작 시간(dead time)요소의 전달함수는?

① $KS$

② $1 + KS^{-1}$

③ $K \cdot e^{-Ls}$

④ $T/1 + TS$

**02** 전달함수를 정의할 때 옳게 나타낸 것은?

① 모든 초기값을 0으로 한다.

② 모든 초기값을 고려한다.

③ 입력만을 고려한다.

④ 주파수 특성만 고려한다.

**03** 그림에서 전달함수 $G(s)$는?

① $\dfrac{U(s)}{C(s)}$

② $\dfrac{C(s)}{U(s)}$

③ $U(s) \cdot C(s)$

④ $\dfrac{C^2(s)}{U^2(s)}$

**04** 적분요소의 전달함수는?

① $K$

② $\dfrac{K}{1 + TS}$

③ $\dfrac{1}{TS}$

④ $TS$

**05** 단위 계단 함수를 어떤 제어요소에 입력으로 넣었을 때 그 전달함수가 그림과 같은 블록선도로 표시될 수 있다면 이것은?

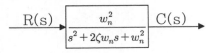

① 1차 지연요소

② 2차 지연요소

③ 미분요소

④ 적분요소

정답 **01** ③ **02** ① **03** ② **04** ③ **05** ②

**06** 다음 사항 중 옳게 표현된 것은?

① 비례요소의 전달함수는 $\dfrac{1}{TS}$ 이다.

② 미분요소의 전달함수는 $K$ 이다.

③ 적분요소의 전달함수는 $TS$ 이다.

④ 1차 지연요소의 전달함수는 $\dfrac{K}{1+TS}$ 이다.

**07** 다음 전달함수에 관한 말 중 옳은 것은?

① 2계 회로의 분모와 분자의 차수의 차는 $S$의 1차식이 된다.

② 2계 회로에서는 전달함수의 분모는 $S$의 2차식이다.

③ 전달함수의 분자의 차수에 따라 분모의 차수가 결정된다.

④ 전달함수의 분모의 차수는 초기값에 따라 결정된다.

**08** 전달함수의 성질 중 옳지 않은 것은?

① 어떤 계의 전달함수는 그 계에 대한 임펄스응답의 라플라스 변환과 같다.

② 전달함수 P(S)인 계의 입력이 임펄스($\delta$)함수이고 모든 초기값이 0이면 그 계의 출력변환은 P(S)와 같다.

③ 계의 전달함수는 계의 미분방정식을 라플라스 변환하고 초기값에 의하여 생긴 항을 무시하면 $P(s) = \mathcal{L}^{-1}\left[\dfrac{Y^2}{X^2}\right]$와 같이 얻어진다.

④ 계의 전달함수의 분모를 0으로 놓으면 이것이 곧 특성방정식이 된다.

**09** 그림과 같은 회로의 전달함수는? (단, 초기값은 0이다.)

① $\dfrac{S}{R+LS}$       ② $\dfrac{1}{S+\dfrac{R}{L}}$

③ $\dfrac{1}{R+LS}$       ④ $\dfrac{S}{S+\dfrac{R}{L}}$

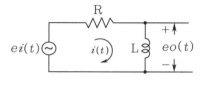

정답 | **06** ④   **07** ②   **08** ③   **09** ④

**해설**

전달함수 $G(s) = \dfrac{LS}{R+LS} = \dfrac{S}{S + \dfrac{R}{L}}$

**10** 그림과 같은 회로망의 전달함수 $G(s)$는? (단, $s = jw$ 이다.)

① $\dfrac{1}{1+S}$  
② $\dfrac{CR}{S+CR}$  
③ $\dfrac{CR}{RCS+1}$  
④ $\dfrac{1}{RCS+1}$

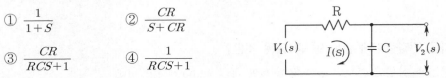

**해설**

전달함수 $G(s) = \dfrac{\dfrac{1}{CS}}{R + \dfrac{1}{CS}} = \dfrac{1}{RCS+1}$

**11** 그림과 같은 R–C회로의 전달함수는? (단, $T_1 = R_2C$, $T_2 = (R_1 + R_2)C$ 이다.)

① $\dfrac{T_1}{T_2S+1}$  
② $\dfrac{T_2S}{T_1S+1}$  
③ $\dfrac{T_1S+1}{T_2S+1}$  
④ $\dfrac{T_1(T_1S+1)}{T_2(T_2S+1)}$

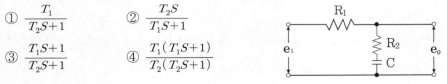

**해설**

전달함수 $G(s) = \dfrac{R_2 + \dfrac{1}{CS}}{R_1 + R_2 + \dfrac{1}{CS}}$

$= \dfrac{R_2CS+1}{(R_1 + R_2)CS+1}$

$= \dfrac{T_1S+1}{T_2S+1}$

**12** 그림에서 전기 회로의 전달함수는?

① $\dfrac{LRS}{LCS^2+RCS+1}$　　② $\dfrac{CS}{LCS^2+RCS+1}$

③ $\dfrac{RCS}{LCS^2+RCS+1}$　　④ $\dfrac{LRCS}{LCS^2+RCS+1}$

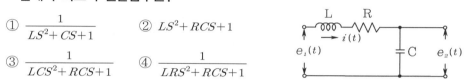

**해설**

전달함수 $G(s) = \dfrac{R}{R+LS+\dfrac{1}{CS}}$

$\qquad\qquad = \dfrac{RCS}{LCS^2+RCS+1}$

**13** 그림에서 회로의 전달함수는?

① $\dfrac{1}{LS^2+CS+1}$　　② $LS^2+RCS+1$

③ $\dfrac{1}{LCS^2+RCS+1}$　　④ $\dfrac{1}{LRS^2+RCS+1}$

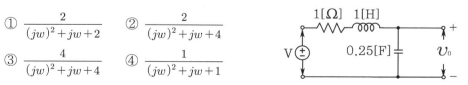

**해설**

전달함수 $G(s) = \dfrac{\dfrac{1}{CS}}{R+LS+\dfrac{1}{CS}}$

$\qquad\qquad = \dfrac{1}{LCS^2+RCS+1}$

**14** 그림과 같은 회로의 전압비 전달함수 $G(jw) = \dfrac{V_c(jw)}{V(jw)}$ 는?

① $\dfrac{2}{(jw)^2+jw+2}$　　② $\dfrac{2}{(jw)^2+jw+4}$

③ $\dfrac{4}{(jw)^2+jw+4}$　　④ $\dfrac{1}{(jw)^2+jw+1}$

**정답**　**12** ③　**13** ③　**14** ③

해설

전달함수 $G(s) = \dfrac{\dfrac{1}{CS}}{R + LS + \dfrac{1}{CS}}$

$= \dfrac{1}{LCS^2 + RCS + 1}$

$= (R = 1, \ L = 1, \ C = \dfrac{1}{4})$

$= \dfrac{1}{\dfrac{1}{4}S^2 + \dfrac{1}{4}S + 1}$

$= \dfrac{4}{S^2 + S + 4}$

그러므로 $G(jw) = \dfrac{4}{(jw)^2 + jw + 4}$

**15** 회로에서의 전압비 전달함수 $\dfrac{E_0(s)}{E_i(s)}$ 는?

① $\dfrac{R_1 + CS}{R_1 + R_2 + CS}$

② $\dfrac{R_2 + CS}{R_1 + R_2 + CS}$

③ $\dfrac{R_1 + R_1 R_2 CS}{R_1 + R_2 + R_1 R_2 CS}$

④ $\dfrac{R_2 + R_1 R_2 CS}{R_1 + R_2 + R_1 R_2 CS}$

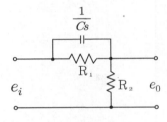

해설

저항 $R_1$과 $C$가 병렬연결이므로 합성임피던스 $\dfrac{R_1 \dfrac{1}{CS}}{R_1 + \dfrac{1}{CS}} = \dfrac{R_1}{R_1 CS + 1}$

전달함수 : $G(s) = \dfrac{R_2}{\dfrac{R_1}{R_1 CS + 1} + R_2}$

$= \dfrac{R_2(R_1 CS + 1)}{R_1 + R_2(R_1 CS + 1)}$

$= \dfrac{R_1 R_2 CS + R_2}{R_1 + R_1 R_2 CS + R_2}$

정답 **15** ④

**16** 그림과 같은 회로의 전달함수는 어느 것인가?

① $C_1 + C_2$    ② $\dfrac{C_2}{C_1}$

③ $\dfrac{C_1}{C_1 + C_2}$    ④ $\dfrac{C_2}{C_1 + C_2}$

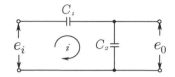

> **해설**
>
> 전달함수 $G(s) = \dfrac{\dfrac{1}{C_2 S}}{\dfrac{1}{C_1 S} + \dfrac{1}{C_2 S}} = \dfrac{\dfrac{1}{C_2}}{\dfrac{1}{C_1} + \dfrac{1}{C_2}}$
>
> $\qquad\qquad = \dfrac{C_1}{C_1 + C_2}$

**17** 그림과 같은 LC 브리지 회로의 전달함수는?

① $\dfrac{1}{1 + LCS^2}$    ② $\dfrac{LS}{1 + LCS^2}$

③ $\dfrac{LCS}{1 + LCS^2}$    ④ $\dfrac{1 - LCS^2}{1 + LCS^2}$

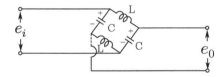

> **해설**
>
> 전달함수 : $G(s) = \dfrac{\dfrac{1}{CS} - LS}{\dfrac{1}{CS} + LS}$
>
> $\qquad\qquad = \dfrac{1 - LCS^2}{1 + LCS^2}$

**18** 그림과 같은 $R-C$ 병렬회로의 전달함수 $\dfrac{E_0(s)}{I(s)}$는?

① $\dfrac{R}{RCS + 1}$    ② $\dfrac{C}{RCS + 1}$

③ $\dfrac{RC}{RCS + 1}$    ④ $\dfrac{RCS}{RCS + 1}$

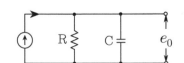

정답  **16** ③  **17** ④  **18** ①

해설

전달함수 $\dfrac{E_0(s)}{I(s)} = Z(s) = \dfrac{1}{Y(s)}$

$$= \dfrac{1}{\dfrac{1}{R} + CS} = \dfrac{R}{1 + RCS}$$

**19** 그림과 같은 $R-L-C$ 회로망에서 입력전압을 $e_i(t)$, 출력량을 전류 $i(t)$로 할 때, 이 요소의 전달함수는 어느 것인가?

① $\dfrac{RS}{LCS^2 + RCS + 1}$

② $\dfrac{RLS}{LCS^2 + RCS + 1}$

③ $\dfrac{LS}{LCS^2 + RCS + 1}$

④ $\dfrac{CS}{LCS^2 + RCS + 1}$

해설

$$G(s) = \dfrac{I(s)}{E(s)} = Y(s) = \dfrac{1}{Z(s)} = \dfrac{1}{R + LS + \dfrac{1}{CS}} \times \dfrac{CS}{CS} = \dfrac{CS}{LCS^2 + RCS + 1}$$

**20** 그림과 같은 회로가 가지는 기능 중 가장 적합한 것은?

① 적분기능
② 진상보상
③ 지연보상
④ 지진상보상

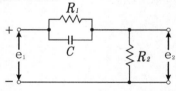

**21** 다음 전기회로망은 무슨 회로망인가?

① 진상회로망
② 지진상회로망
③ 지상회로망
④ 동상회로망

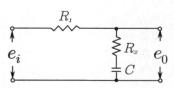

정답　19 ④　20 ②　21 ③

**22** 그림의 회로에서 입력전압의 위상은 출력전압보다 어떠한가?

① 앞선다.
② 뒤진다.
③ 같다.
④ 정수에 따라 앞서기도 하고 뒤지기도 한다.

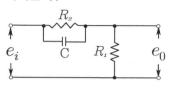

**23** 그림의 회로에서 입력전압의 위상은 출력전압보다 어떠한가?

① 앞선다.
② 뒤진다.
③ 같다.
④ 정수에 따라 앞서기도 하고 뒤지기도 한다.

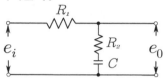

**24** 그림과 같은 요소는 제어계의 어떤 요소인가?

① 미분요소
② 적분요소
③ 1차 지연요소
④ 2차 지연요소

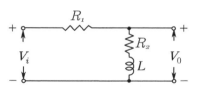

**25** 다음의 전달함수를 갖는 회로가 진상보상회로의 특성을 가지려면 그 조건은 어떠한가?

$$G(s) = \frac{S+b}{S+a}$$

① a > b                    ② a < b
③ a > 1                    ④ b > 1

**26** 진상보상기의 설명 중 맞는 것은?

① 일종의 저주파통과 필터의 역할을 한다.

② 2개의 극점과 2개의 영점을 가지고 있다.

③ 과도응답 속도를 개선시킨다.

④ 정상상태에서의 정확도를 현저히 개선시킨다.

**27** 어떤 계를 표시하는 미분방정식이 $\dfrac{d^2y(t)}{dt^2}+3\dfrac{dy(t)}{dt}+2y(t)=\dfrac{dx(t)}{dt}+x(t)$ 라고 한다.
$x(t)$는 입력, $y(t)$는 출력이라고 한다면 이 계의 전달함수는 어떻게 표시되는가?

① $G(s)=\dfrac{S^2+3S+2}{S+1}$

② $G(s)=\dfrac{2S+1}{S^2+S+1}$

③ $G(s)=\dfrac{S+1}{S^2+3S+2}$

④ $G(s)=\dfrac{S^2+S+1}{2S+1}$

**해설**

라플라스를 변환하면

$(s^2+3S+2)Y(s)=(S+1)X(s)$

전달함수 : $G(s)=\dfrac{Y(s)}{X(s)}=\dfrac{S+1}{S^2+3S+2}$

**28** 제어계의 미분방정식이 $\dfrac{d^3c(t)}{dt^3}+4\dfrac{d^2c(t)}{dt^2}+5\dfrac{dc(t)}{dt}+c(t)=5r(t)$ 로 주어졌을 때 전달함수를 구하면?

① $\dfrac{C(s)}{R(s)}=\dfrac{5}{S^3+4S^2+5S+1}$

② $\dfrac{C(s)}{R(s)}=\dfrac{S^3+4S^2+5S+1}{5S}$

③ $\dfrac{C(s)}{R(s)}=\dfrac{5S}{S^3+4S^2+5S+1}$

④ $\dfrac{C(s)}{R(s)}=S^3+4S^2+5S+1$

**해설**

라플라스를 변환하면

$(S^3+4S^2+5S+1)G(s)=5\times R(s)$

전달함수 : $G(s)=\dfrac{C(s)}{R(s)}=\dfrac{5}{S^3+4S^2+5S+1}$

**29** $\dfrac{A(s)}{B(s)} = \dfrac{1}{2S+1}$ 의 전달함수를 미분방정식으로 표시하면?

① $\dfrac{d}{dt}a(t) + 2a(t) = 2b(t)$　　② $2\dfrac{d}{dt}a(t) + a(t) = 2b(t)$

③ $\dfrac{d}{dt}a(t) + 2a(t) = b(t)$　　④ $2\dfrac{d}{dt}a(t) + a(t) = b(t)$

해설
$(2S+1) \cdot A(s) = B(s)$

$2S \cdot A(s) + A(s) = B(s)$

$2 \cdot \dfrac{da(t)}{dt} + a(t) = b(t)$

**30** 전달함수 $\dfrac{B(s)}{A(s)}$ 의 값이 $\dfrac{1}{S^2+2S+1}$ 로 주어지는 경우 이때의 미분방정식의 값은?

① $\dfrac{d}{dt^2}a(t) + 2\dfrac{d}{dt}a(t) + a(t) = b(t)$　　② $\dfrac{d^2}{dt^2}b(t) + 2\dfrac{d}{dt}b(t) + b(t) = a(t)$

③ $\dfrac{d^2}{dt^2}a(t) + 2\int a(t)dt + a(t) = b(t)$　　④ $\dfrac{d^2}{dt^2}b(t) + 2\int b(t)dt + b(t) = a(t)$

해설
$(S^2+2S+1)B(s) = A(s)$

$\dfrac{d^2b(t)}{dt^2} + 2 \cdot \dfrac{db(t)}{dt} + b(t) = a(t)$

**31** 질량, 속도, 힘을 전기계로 유추(analogy)하는 경우 옳은 것은?

① 질량 = 임피던스, 속도 = 전류, 힘 = 전압
② 질량 = 인덕턴스, 속도 = 전류, 힘 = 전압
③ 질량 = 저항, 속도 = 전류, 힘 = 전압
④ 질량 = 용량, 속도 = 전류, 힘 = 전압

해설
운동계를 전기계로 유추 : 질량(인덕턴스), 변위(전기량), 힘(전압), 속도(전류)

정답  29 ④  30 ②  31 ②

**32** $R-L-C$회로와 역학계의 등가 회로에서 그림과 같이 스프링 달린 질량 $M$의 물체가 바닥에 닿아 있을 때 힘 $F$를 가하는 경우로 $L$은 $M$에, $\dfrac{1}{C}$은 $K$에, $R$은 f에 해당한다. 이 역학계에 대한 운동 방정식은?

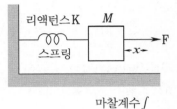

① $F = Mx + f\dfrac{dx}{dt} + K\dfrac{d^2x}{dt^2}$

② $F = M\dfrac{dx}{dt} + fx + K$

③ $F = M\dfrac{d^2x}{dt^2} + f\dfrac{dx}{dt} + Kx$

④ $F = M\dfrac{dx}{dt} + f\dfrac{d^2x}{dt^2} + K$

해설

역학계에 대한 운동 방정식 : $F = M\dfrac{d^2x(t)}{dt^2} + f\dfrac{dx(t)}{dt} + Kx(t)$

**33** 회전운동계의 각속도를 전기적 요소로 변화하면?

① 전압                 ② 전류

③ 정전용량            ④ 인덕턴스

해설

속도 → 전류

**34** 직류전동기의 각변위를 $\theta(t)$라 할 때, 전동기의 회전관성 $J_m$과 전동기의 기동 토크 $T_m$ 사이에는 어떠한 관계가 있는가?

① $T_m(t) = J_m\displaystyle\int_0^t \theta(\tau)d\tau$         ② $T_m(t) = J_m\theta(t)$

③ $T_m(t) = J_m\dfrac{d}{dt}\theta(t)$           ④ $T_m(t) = J_m\dfrac{d^2}{dt^2}\theta(t)$

해설

뉴튼의 법칙(토크와 변위 사이의 관계) : $T_m(t) = J_m\dfrac{d^2\theta(t)}{dt^2}$

정답 **32** ③   **33** ②   **34** ④

**35** 그림과 같은 질량 – 스프링 – 마찰계의 전달함수 $G(s) = X(s)/F(s)$는 어느 것인가?

① $\dfrac{1}{MS^2 + BS + K}$

② $\dfrac{1}{MS^2 - BS + K}$

③ $\dfrac{1}{MS^2 - BS - K}$

④ $\dfrac{1}{MS^2 + BS - K}$

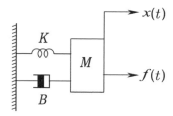

**해설**

스프링・마찰계의 운동 방정식은

$M\dfrac{d^2 y(t)}{dt^2} + B\dfrac{dy(t)}{dt} + Ky(t) = f(t)$를 라플라스 변환하면

$(MS^2 + BS + K)\, Y(s) = F(s)$

$\therefore\ G(s) = \dfrac{Y(s)}{F(s)} = \dfrac{1}{MS^2 + BS + K}$

**36** 그림과 같은 기계적인 회전운동에서 토크 $T(t)$를 입력으로, 변위 $\theta(t)$를 출력으로 하였을 때의 전달함수는?

① $\dfrac{1}{JS^2 + BS + K}$

② $JS^2 + BS + K$

③ $\dfrac{S}{JS^2 + BS + K}$

④ $\dfrac{JS^2 + BS + K}{S}$

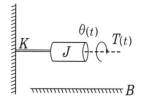

**해설**

기계적 회전운동계의 방정식은

$J\dfrac{d^2 \theta(t)}{dt^2} + B\dfrac{d\theta(t)}{dt} + K \cdot \theta(t) = T(t)$를 라플라스 변환하면

$(JS^2 + BS + K)\,\theta(s) = T(s)$

$\therefore\ G(s) = \dfrac{\theta(s)}{T(s)} = \dfrac{1}{JS^2 + BS + K}$

**정답** **35** ① **36** ①

**37** 자동제어계의 각 요소를 Block 선도로 표시할 때에 각 요소를 전달함수로 표시하고 신호의 전달경로는 무엇으로 표시하는가?

① 전달함수
② 단자
③ 화살표
④ 출력

**38** 다음 중 개루프 시스템의 주된 장점이 아닌 것은?

① 원하는 출력을 얻기 위해 보정해 줄 필요가 없다.
② 구성하기 쉽다.
③ 구성단가가 낮다.
④ 보수 및 유지가 간단하다.

**39** 블록선도에서 $C(s) = R(s)$ 라면 전달함수 $G(s)$ 는?

① 1
② −1
③ ∞
④ 0

**40** 단위 피드백계에서 입력과 출력이 같으면 $G$(전향전달함수)의 값은 얼마인가?

① $|G| = 1$
② $|G| = 0$
③ $|G| = \infty$
④ $|G| = 0.707$

**해설**

$$G(s) = \frac{G}{1 + GH} = \frac{G}{1 + G}$$

# chapter

# 04

## 블록선도의 신호흐름선도

# 04 블록선도의 신호흐름선도

**CHAPTER**

## 01 블록선도의 기호

(1) **화살표**(→) : 신호의 진행방향을 표시

(2) **전달요소**(□) : 입력신호를 받아서 적당히 변환된 출력신호를 만드는 부분

(3) **가합점**( ⊗± ) : 두 개 이상의 신호를 가합점의 부호에 따라 더하고 빼주는 것

(4) **인출점** V : 분기점( ● ) 한 개의 신호를 두 계통으로 분기하기 위한 점

## 02 블록선도와 신호흐름선도에 의한 전달함수

(1) **직렬결합** : 전달요소의 곱으로 표현한다.

$$R(s) \rightarrow \boxed{G_1(s)} \rightarrow \boxed{G_2(s)} \rightarrow C(s)$$

$$G(s) = \frac{C(s)}{R(s)} = G_1(s) \cdot G_2(s)$$

(2) **병렬결합** : 가합점의 부호에 따라 전달요소를 더하거나 뺀다.

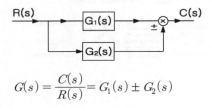

$$G(s) = \frac{C(s)}{R(s)} = G_1(s) \pm G_2(s)$$

(3) **피드백결합** : 출력신호 $C(s)$의 일부가 요소 $H(s)$를 거쳐 입력측에 피드백(feedback)되는 결합 방식이며, 그 합성 전달함수는 다음과 같다.

$$R(s) \rightarrow \otimes_\pm \rightarrow \boxed{G} \rightarrow C(s), \quad \boxed{H}$$

$$G(s) = \frac{C(s)}{R(s)} = \frac{G}{1 \mp GH} = \frac{\sum \text{전향경로이득}}{1 - \sum \text{루프이득}}$$

① **전향경로이득** : 입력에서 출력으로 가는 동일 진행 방향의 전달요소들의 곱

② **루프이득** : 피드백되는 부분의 전달요소들의 곱

③ $G$ : 전향전달함수

④ $GH$ : 개루프전달함수

⑤ $H$ : 피드백 전달요소

⑥ $H=1$ : 단위 피드백 제어계

⑦ $1 \mp GH = 0$ : 특성방정식 = 전달함수의 분모가 0이 되는 방정식

⑧ **극점** : 특성방정식의 근 = 전달함수의 분모가 0이 되는 근(극점의 표기 ⟹ x)

⑨ **영점** : 전달함수의 분자가 0이 되는 근(영점의 표기 ⟹ 0)

⑩ **신호흐름선도**

　㉠ 피드백 전달함수

　　• pass → 입력에서 출력으로 가는 방법

　　• Loop → feedback

ex
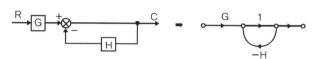

　　• Pass : G　　　　∴ $G(s) = \dfrac{G}{1+H}$

　　• Loop L : $-H$

ex
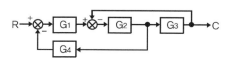

$$G(s) = \frac{P_1 + P_2 + P_3}{1 - L_1 - L_2 \cdots}$$

　　• Pass : $G_1 \cdot G_2 \cdot G_3$

　　• Loop1 : $-G_2 G_3$

　　• Loop2 : $-G_1 G_2 G_4$

$$\therefore \ G(s) = \frac{P_1}{1 - L_1 - L_2} = \frac{G_1 \cdot G_2 \cdot G_3}{1 + G_2 G_3 + G_1 G_2 G_4}$$

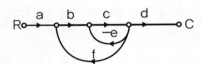

- $P_1 = abcd$

- $L_1 = -ce$

- $L_2 = bcf$ $\qquad G(s) = \dfrac{P_1}{1-L_1-L_2} = \dfrac{abcd}{1+ce-bcf}$

ⓛ Loop가 Pass와 무관할 때

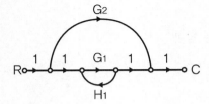

- $P_1 = G_1$

- $P_2 = G_2$

- $L_1 = G_1 H_1$

$$G(s) = \frac{P_1 + P_2}{1 - L_1}$$

$$\frac{C}{R} = \frac{P_1 + P_2(1-L_1)}{1-L_1} = \frac{G_1 + G_2(1-G_1 H_1)}{1-G_1 H_1}$$

ⓒ 2중 입력으로 된 블록선도의 출력 C는

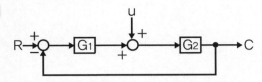

$C = uG_2 + RG_1 G_2 - CG_1 G_2$

$C(1 + G_1 G_2) = uG_2 + R(G_1 G_2)$

$\therefore C = [\dfrac{G_2}{1+G_1 G_2}](RG_1 + u), \quad C = \dfrac{G_1 G_2}{1+G_1 G_2}R + \dfrac{G_2}{1+G_1 G_2}u$

이렇게 두 가지의 결과치를 유추할 수 있다.

**01** 그림과 같은 시스템의 등가 합성 전달함수는?

① $G_1 + G_2$      ② $G_1 G_2$

③ $G_1\sqrt{G_2}$      ④ $G_1 - G_2$

**해설**

직렬결합의 전달함수는 곱으로 표현한다.

$G(s) = G_1 \cdot G_2$

**02** 그림과 같은 피드백 회로의 종합전달함수는?

① $\dfrac{1}{G_1} + \dfrac{1}{G_2}$      ② $\dfrac{G_1}{1 - G_1 G_2}$

③ $\dfrac{G_1}{1 + G_1 G_2}$      ④ $\dfrac{G_1 G_2}{1 + G_1 G_2}$

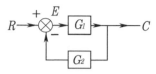

**해설**

$$G(s) = \frac{P}{1 - L} = \frac{G_1}{1 - (- G_1 G_2)} = \frac{G_1}{1 + G_1 G_2}$$

**03** 다음과 같은 블록선도의 등가 합성 전달함수는?

① $\dfrac{1}{1 \pm GH}$

② $\dfrac{G}{1 \pm GH}$

③ $\dfrac{G}{1 \pm H}$

④ $\dfrac{1}{1 \pm H}$

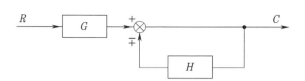

**해설**

$$G(s) = \frac{P}{1 - L} = \frac{G}{1 - (\mp H)} = \frac{G}{1 \pm H}$$

**정답** **01** ② **02** ③ **03** ③

**04** 그림의 두 블록선도가 등가인 경우 $A$요소의 전달함수는?

① $\dfrac{-1}{S+4}$

② $\dfrac{-2}{S+4}$

③ $\dfrac{-3}{S+4}$

④ $\dfrac{-4}{S+4}$

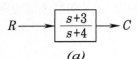

$(a)$

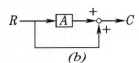

$(b)$

해설

(a) $G(s) = \dfrac{S+3}{S+4}$

(b) $G(s) = A+1$

(a) = (b)이면

$$A+1 = \dfrac{S+3}{S+4}$$

$$A = \dfrac{S+3}{S+4} - 1 \quad \therefore \ A = \dfrac{-1}{S+4}$$

**05** 다음 블록선도의 변환에서 ( )에 맞는 것은?

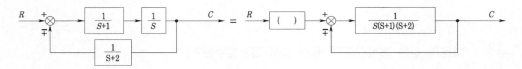

① $S+2$

② $S+1$

③ $S$

④ $S(S+1)(S+2)$

해설

(a) $\dfrac{\dfrac{1}{S(S+1)}}{1+\dfrac{1}{S(S+1)(S+2)}} = \dfrac{\dfrac{1}{S(S+1)}}{\dfrac{S(S+1)(S+2)+1}{S(S+1)(S+2)}} = \dfrac{S+2}{S(S+1)(S+2)+1}$

(b) $\dfrac{\boxed{(\ )} \cdot \dfrac{1}{S(S+1)(S+2)}}{1+\dfrac{1}{S(S+1)(S+2)}} = \dfrac{\boxed{(\ )}}{S(S+1)(S+2)+1}$

$\therefore$ 그림 (a) = 그림 (b)이므로 $\boxed{(\ )} = S+2$

정답 **04** ① **05** ①

**06** 그림과 같은 블록선도에서 등가 전달함수는?

① $\dfrac{G_1 G_2}{1 + G_2 + G_1 G_2 G_3}$    ② $\dfrac{G_1 G_2}{1 - G_2 + G_1 G_2 G_3}$

③ $\dfrac{G_1 G_3}{1 + G_2 + G_1 G_2 G_3}$    ④ $\dfrac{G_2 G_3}{1 - G_2 + G_1 G_2 G_3}$

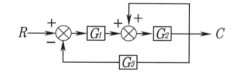

해설 Chapter − 04 − **03** − (3)

**07** 그림과 같은 블록선도에 대한 등가 전달함수를 구하면?

① $\dfrac{G_1 G_2 G_3}{1 + G_2 G_3 + G_1 G_2 G_4}$

② $\dfrac{G_1 G_2 G_3}{1 + G_1 G_2 + G_1 G_2 G_3}$

③ $\dfrac{G_1 G_2 G_4}{1 + G_1 G_2 + G_1 G_2 G_4}$

④ $\dfrac{G_1 G_2 G_3}{1 + G_2 G_3 + G_1 G_2 G_3}$

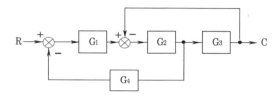

해설

pass $= G_1 G_2 G_3$

Loop1 $= - G_2 G_3$

Loop2 $= - G_1 G_2 G_4$

$\therefore\ G(s) = \dfrac{P}{1 - L_1 - L_2} = \dfrac{G_1 G_2 G_3}{1 + G_2 G_3 + G_1 G_2 G_4}$

**08** 그림과 같은 피드백 회로의 종합전달함수는?

① $\dfrac{G_1 G_2}{1 + G_1 G_2 + G_3 G_4}$

② $\dfrac{G_1 + G_2}{1 + G_1 G_3 G_4 + G_2 G_3 G_4}$

③ $\dfrac{G_1 + G_2}{1 + G_1 G_2 G_3 G_4}$

④ $\dfrac{G_1 G_2}{1 + G_4 G_2 + G_3 G_1}$

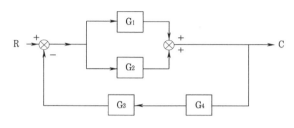

정답  **06** ②  **07** ①  **08** ②

**해설**

pass $= G_1 + G_2$

Loop1 $= -G_1 G_3 G_4$

Loop2 $= -G_2 G_3 G_4$

$$\therefore \ G(s) = \frac{P}{1 - L_1 - L_2} = \frac{G_1 + G_2}{1 + G_1 G_3 G_4 + G_2 G_3 G_4}$$

**09** $r(t) = 2, G_1 = 100, H_1 = 0.01$일 때 $c(t)$를 구하면?

① 2      ② 5

③ 9      ④ 10

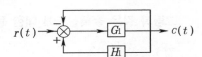

**해설**

$$G(s) = \frac{c(t)}{r(t)} = \frac{G_1}{1 + G_1 - G_1 H_1} = \frac{100}{1 + 100 - 1} = 1 = \frac{c(t)}{2}$$

$$\therefore \ c(t) = 2$$

**10** 블록선도에서 $r(t) = 25, \ G_1 = 1, H_1 = 5, c(t) = 50$일 때, $H_2$를 구하면?

① $\dfrac{1}{4}$      ② $\dfrac{1}{10}$

③ $\dfrac{2}{5}$      ④ $\dfrac{2}{3}$

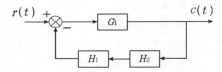

**해설**

전달함수 $G(s) \dfrac{C(s)}{R(s)} = \dfrac{c(t)}{r(t)} = \dfrac{G_1}{1 + G_1 \cdot H_1 \cdot H_2}$

$$\frac{50}{25} = \frac{1}{1 + 1 \times 5 \times H_2}$$

$$2 = \frac{1}{1 + 5 H_2}$$

$$1 + 5 H_2 = \frac{1}{2}$$

$$5 H_2 = -\frac{1}{2}$$

$$H_2 = -\frac{1}{10}$$

절대값 크기는 $\dfrac{1}{10}$

**11** 그림의 블록선도에서 전달함수로 표시한 것은?

① $\dfrac{12}{5}$　　　　② $\dfrac{16}{5}$

③ $\dfrac{20}{5}$　　　　④ $\dfrac{28}{5}$

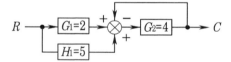

해설

$(R G_1 + R H_1 - C) G_2 = C$

$R G_1 G_2 + R H_1 G_2 - C G_2 = C$

$R(G_1 G_2 + H_1 G_2) = C(1 + G_2)$

$G(s) = \dfrac{C}{R} = \dfrac{G_1 G_2 + H_1 G_2}{1 + G_2} = \dfrac{G_2(G_1 + H_1)}{1 + G_2}$ 이므로

$G_2 = 2$, $G_2 = 4$, $H_1 = 5$를 대입하면

$\therefore G(s) = \dfrac{4(2+5)}{1+4} = \dfrac{28}{5}$

**12** 그림과 같은 블록선도에서 $C$는?

① $C = \dfrac{G_1 G_2}{1 + G_1 G_2} R + \dfrac{G_1}{1 + G_1 G_2} D$

② $C = \dfrac{G_1 G_2}{1 + G_1 G_2} R + \dfrac{G_2}{1 + G_1 G_2} D$

③ $C = \dfrac{G_1 G_2}{1 + G_1 G_2} R + \dfrac{G_1 G_2}{1 + G_1 G_2} D$

④ $\dfrac{G_1 G_2}{1 + G_1 G_2} R + \dfrac{G_1 G_2}{1 - G_1 G_2} D$

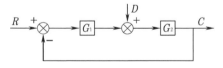

해설

입력이 $R$ 과 $D$ 두 곳이므로

$G_1(s) = \dfrac{C}{R} = \dfrac{G_1 G_2}{1 + G_1 G_2}$

$G_2(s) = \dfrac{C}{D} = \dfrac{G_1}{1 + G_1 G_2}$

$\therefore G_1(s) + G_2(s) = C = \dfrac{G_1 G_2}{1 + G_1 G_2} R + \dfrac{G_2}{1 + G_1 G_2} D$

**13** 다음 블록선도를 옳게 등가변환한 것은?

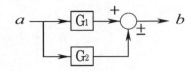

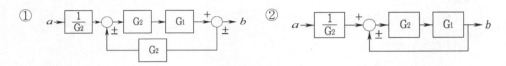

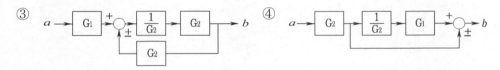

해설

$G(s) = G_1 + G_2$와 결과치가 같은 것

④번 보기의 $G(s) = G_2 + G_2 \cdot \dfrac{1}{G_2} \cdot G_1 = G_1 + G_2$

**14** 그림에서 $x$를 입력, $y$를 출력으로 했을 때의 전달함수는? (단 $A \gg 1$이다.)

① $G(s) = 1 + \dfrac{1}{RCS}$

② $G(s) = \dfrac{RCS}{1 + RCS}$

③ $G(s) = 1 + RCS$

④ $G(s) = \dfrac{1}{1 + RCS}$

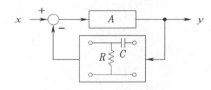

해설

$$G(s) = \frac{A}{1 + \dfrac{RCS \times A}{1 + RCS}} \times \frac{1}{A} = \frac{1}{\dfrac{1}{A} + \dfrac{RCS}{1 + RCS}} \ (A \gg 1이므로)$$

$$= \frac{1}{\dfrac{RCS}{1 + RCS}} = \frac{1 + RCS}{RCS} = 1 + \frac{1}{RCS}$$

**15** 그림의 신호흐름선도에서 $\dfrac{C}{R}$ 는?

① $\dfrac{G_1 + G_2}{1 - G_1 H_1}$  　② $\dfrac{G_1 G_2}{1 - G_1 H_1}$

③ $\dfrac{G_1 + G_2}{1 + G_1 H_1}$  　④ $\dfrac{G_1 G_2}{1 + G_1 H_1}$

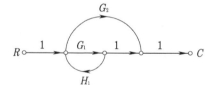

> **해설**
>
> pass $= G_1 + G_2$
>
> Loop $= G_1 H_1$
>
> $G(s) = \dfrac{P}{1 - L} = \dfrac{G_1 + G_2}{1 - G_1 H_1}$

**16** 그림과 같은 신호흐름선도에서 $\dfrac{C}{R}$ 의 값은?

① $-\dfrac{1}{41}$  　② $-\dfrac{3}{41}$

③ $-\dfrac{5}{41}$  　④ $-\dfrac{6}{41}$

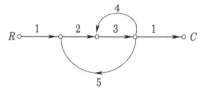

> **해설**
>
> pass $= 2 \times 3 = 6$
>
> Loop1 $= 3 \times 4 = 12$
>
> Loop2 $= 2 \times 3 \times 5 = 30$
>
> $\therefore\ G(s) = \dfrac{P}{1 - L_1 L_2} = \dfrac{G}{1 - 12 - 30} = -\dfrac{6}{41}$

**17** 그림의 신호흐름선도에서 $\dfrac{C}{R}$ 는?

① $\dfrac{ac}{1 - b}$  　② $\dfrac{a + c}{1 - b}$

③ $\dfrac{ab}{1 - c}$  　④ $\dfrac{a + b}{1 - c}$

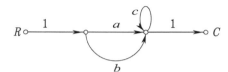

> **해설**
>
> pass1 $= a$　pass2 $= b$　Loop $= c$
>
> $\therefore\ G(s) = \dfrac{P_1 + P_2}{1 - L} = \dfrac{a + b}{1 - c}$

**18** 그림의 신호흐름선도에서 $\dfrac{C}{R}$ 는?

① $\dfrac{ab}{1+b-abc}$   ② $\dfrac{ab}{1-b-abc}$

③ $\dfrac{ab}{1-b+abc}$   ④ $\dfrac{ab}{1-ab+abc}$

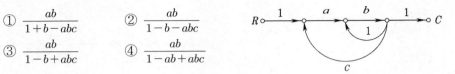

**해설**

pass : $= a \cdot b$   Loop1 $= b$   Loop2 $= a \cdot b \cdot c$

$\therefore\ G(s) = \dfrac{P}{1-L_1-L_2} = \dfrac{a \cdot b}{1-b-abc}$

**19** 그림의 신호흐름선도에서 $\dfrac{C}{R}$ 를 구하면?

① $(S+a)(S^2-S-0.1K)$

② $(S-a)(S^2-S-0.1K)$

③ $\dfrac{K}{(S+a)(S^2-S-0.1K)}$

④ $\dfrac{K}{(S+a)(S^2+S-0.1K)}$

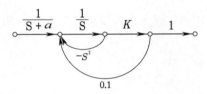

**해설**

$$G(s) = \dfrac{\dfrac{K}{S(S+a)}}{1+S-\dfrac{0.1\,K}{S}} \times \dfrac{S(S+a)}{S(S+a)} = \dfrac{K}{S(S+a)+S^2(S+a)-(S+a)\,0.1\,K}$$

$$= \dfrac{K}{(S+a)\cdot(S^2+S-0.1\,K)}$$

**20** 다음 신호흐름선도의 전달함수는?

① $\dfrac{G_1G_2+G_3}{1-(G_1H_1+G_2H_2)-G_3H_1H_2}$

② $\dfrac{G_1G_2+G_3}{1-(G_1H_1-G_2H_2)}$

③ $\dfrac{G_1G_2-G_3}{1-(G_1H_1-G_2H_2)}$

④ $\dfrac{G_1G_2-G_3}{1-(G_1H_1+G_2H_2)}$

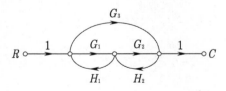

**정답** | **18** ② **19** ④ **20** ①

**해설**

pass1 $= G_1 G_2$

pass2 $= G_3$

Loop1 $= G_1 \cdot H_1$

Loop2 $= G_2 \cdot H_2$

Loop3 $= G_3 \cdot H_1 \cdot H_2$

$\therefore G(s) = \dfrac{P_1 + P_2}{1 - L_1 - L_2 - L_3} = \dfrac{G_1 G_2 + G_3}{1 - G_1 H_1 - G_2 H_2 - G_3 H_1 H_2}$

**21** 그림과 같은 신호흐름선도에서 $C(s)/R(s)$의 값은?

① $\dfrac{C(s)}{R(s)} = \dfrac{X_1}{1 - X_1 Y_1}$

② $\dfrac{C(s)}{R(s)} = \dfrac{X_2}{1 - X_1 Y_1}$

③ $\dfrac{C(s)}{R(s)} = \dfrac{X_1 X_2}{1 - X_1 Y_1}$

④ $\dfrac{C(s)}{R(s)} = \dfrac{X_1 + X_2}{1 - X_1 Y_1}$

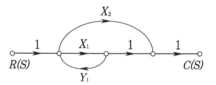

**해설**

pass1 $= X_1$

pass2 $= X_2$

Loop $= X_1 \cdot Y_1$

$\therefore G(s) = \dfrac{P_1 + P_2}{1 - L} = \dfrac{X_1 + X_2}{1 - X_1 Y_1}$

**22** 그림과 같은 신호흐름선도에서 전달함수 $\dfrac{C(s)}{R(s)}$는?

① $-\dfrac{8}{9}$

② $\dfrac{4}{5}$

③ $-\dfrac{105}{77}$

④ $-\dfrac{105}{78}$

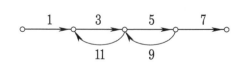

해설

pass $= 3 \times 5 \times 7 = 105$

Loop1 $= 3 \times 11 = 33$

Loop2 $= 5 \times 9 = 45$

$\therefore \ G(s) = \dfrac{P}{1 - L_1 - L_2} = \dfrac{105}{1 - 33 - 45} = -\dfrac{105}{77}$

**23** 그림의 신호흐름선도에서 $y_2/y_1$의 값은?

① $\dfrac{a^3}{(1-ab)^3}$

② $\dfrac{a^3}{(1-3ab+a^2b^2)}$

③ $\dfrac{a^3}{1-3ab}$

④ $\dfrac{a^3}{1-3ab+2a^2b^2}$

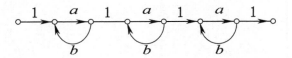

해설

• pass $= a \times a \times a = a^3$

• Loop를 3개 부분으로 나누어 계산

Loop1 $= 1 - ab$

Loop2 $= 1 - ab$

Loop3 $= 1 - ab$

$\therefore \ G(s) = \dfrac{a^3}{(1-ab) \times (1-ab) \times (1-ab)}$

$\qquad = \dfrac{a^3}{(1-ab)^3}$ (∵ 각 루프가 독립적으로 직렬 연결)

**24** 다음 연산 증폭기의 출력 $X_3$는?

① $-a_1 X_1 - a_2 X_2$   ② $a_1 X_1 + a_2 X_2$

③ $(a_1 + a_2)(X_1 + X_2)$   ④ $-(a_1 - a_2)(X_1 + X_2)$

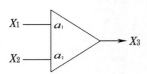

해설

$X_3 = -a_1 X_1 - a_2 X_2$

정답 23 ① 24 ①

**25** 그림과 같이 연산 증폭기를 사용한 연산회로의 출력항은 어느 것인가?

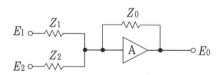

① $E_0 = Z_0 \left( \dfrac{E_1}{Z_1} + \dfrac{E_2}{Z_2} \right)$

② $E_0 = - Z_0 \left( \dfrac{E_1}{Z_1} + \dfrac{E_2}{Z_2} \right)$

③ $E_0 = Z_0 \left( \dfrac{E_1}{Z_2} + \dfrac{E_2}{Z_2} \right)$

④ $E = - Z_0 \left( \dfrac{E_1}{Z_2} + \dfrac{E_2}{Z_2} \right)$

해설

$$E_0 = - \frac{Z_0}{Z_1} E_1 - \frac{Z_0}{Z_2} E_2$$

$$= - Z_0 \left( \frac{E_1}{Z_1} + \frac{E_2}{Z_2} \right)$$

**26** 그림과 같은 연산 증폭기에서 출력전압 $V_0$을 나타낸 것은? (단, $V_1$, $V_2$, $V_3$는 입력신호이고, $A$는 연산 증폭기의 이득이다.)

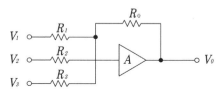

$$R_1 = R_2 = R_3 = R$$

① $V_0 = \dfrac{R_0}{3R} (V_1 + V_2 + V_3)$

② $V_0 = \dfrac{R}{R_0} (V_1 + V_2 + V_3)$

③ $V_0 = \dfrac{R_0}{R} (V_1 + V_2 + V_3)$

④ $V_0 = - \dfrac{R_0}{R} (V_1 + V_2 + V_3)$

해설

$$V_0 = - \frac{R_0}{R} V_1 - \frac{R_0}{R} V_2 - \frac{R_0}{R} V^3 = - \frac{R_0}{R} (V_1 + V_2 + V_3)$$

정답 **25** ② **26** ④

**27** 이득에 $10^7$인 연산 증폭기 회로에서 출력전압 $V_0$를 나타내는 식은?

① $V_0 = -12 \dfrac{dV_i}{dt}$

② $V_0 = -8 \dfrac{dV_i}{dt}$

③ $V_0 = -0.5 \dfrac{dV_i}{dt}$

④ $V_0 = -\dfrac{1}{8} \dfrac{dV_i}{dt}$

해설

〈미분기〉 $V_0 = -RC \dfrac{dV_i}{dt} = -2 \times 6 \dfrac{dV_i}{dt} = -12 \dfrac{dV_1}{dt}$

**28** 다음 연산기구의 출력으로 바르게 표현된 것은?

① $e_0 = -\dfrac{1}{RC} \int e_i \cdot dt$

② $e_0 = -\dfrac{1}{RC} \dfrac{de_i}{dt}$

③ $e_0 = -RC \int e_i \cdot dt$

④ $e_0 = -\dfrac{C}{R} \int e_i \cdot dt$

해설

〈적분기〉 $e_0 = -\dfrac{1}{RC} \int e_i \, dt$

**29** 연산 증폭기의 성질에 관한 설명 중 옳지 않은 것은?

① 전압 이득이 매우 크다.
② 입력 임피던스가 매우 작다.
③ 전력 이득이 매우 크다.
④ 입력 임피던스가 매우 크다.

정답 **27** ① **28** ① **29** ②

# chapter

# 05

# 자동제어의
# 과도응답

# 자동제어의 과도응답

## 01 응답(=출력)

어떤 요소 또는 계에 가해진 입력에 대한 출력의 변화를 응답이라 하며, 제어계의 정확도의
지표가 된다.

### (1) 응답의 종류

① 임펄스응답 : 기준입력이 임펄스함수인 경우의 출력
② 인디셜응답 : 기준입력이 단위계단함수인 경우의 출력
③ 램프(경사)응답 : 기준입력이 단위램프함수인 경우의 출력

### (2) 응답의 계산 $c(t) = \mathcal{L}^{-1} G(s) R(s)$

단, $G(s)$ : 전달함수, $R(s)$ : 입력라플라스변환

### (3) 과도응답의 기준입력

① 단위계단입력 : 기준입력이 $r(t) = u(t) = 1$인 경우
② 등(정)속도입력 : 기준입력이 $r(t) = t$인 경우
③ 등(정)가속도입력 : 기준입력이 $r(t) = \dfrac{1}{2} t^2$인 경우

## 02 자동제어계의 시간응답 특성

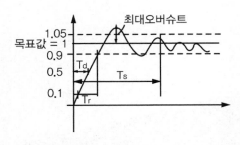

오버슈트(overshoot) : 응답이 목표값(최종값)을 넘어가는 양

$$\text{백분율오버슈트} = \frac{\text{최대오버슈트}}{\text{최종목표값}} \times 100[\%] \qquad \text{상대오버슈트} = \frac{\text{최대오버슈트}}{\text{최종희망값}} \times 100[\%]$$

감쇠비 : 과도응답이 소멸되는 속도를 양적으로 표현한 값

$$\text{감쇠비} = \frac{\text{제2의 오버슈트}}{\text{최대오버슈트}}$$

**(1) 지연시간**($T_d$) : 응답이 최종목표값의 50[%]에 도달하는 데 걸리는 시간

**(2) 상승시간**($T_r$) : 응답이 최종목표값의 10[%]에서 90[%]에 도달하는 데 걸리는 시간

**(3) 정정시간 = 응답시간**($T_s$) : 응답이 최종목표값의 허용오차 범위 ±5[%] 이내에 안착하는 데 걸리는 시간

## 03 자동제어계의 과도응답

**(1) 부궤환 제어계의 전달함수**

$$G(s) = \frac{C(s)}{R(s)} = \frac{G}{1+GH}$$

**(2) 특성방정식** : $1 + GH = 0$

**(3) 극점**(×) : 특성방정식의 근

**(4) 영점**(○) : 전달함수의 분자가 0이 되는 근

## (5) 특성방정식의 근의 위치와 응답

① 특성방정식의 근이 제동비(실수)축상에 존재

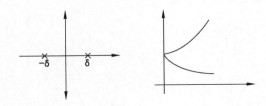

② 특성방정식의 근이 허수축상에 존재

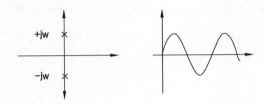

③ 특성방정식의 근의 좌반부에 존재(감쇠진동)

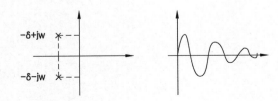

④ 특성방정식의 근이 우반부에 존재(진동폭이 증가)

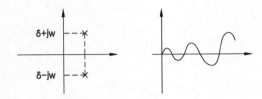

(6) 특성방정식의 근이 좌반부에 존재 시 안정하며 우반부에 존재 시 불안정하다.

## 04 2차계의 과도응답

### (1) 2차계의 전달함수 $G(s) = \dfrac{Y(s)}{X(s)} = \dfrac{Kw_n^2}{s^2 + 2\delta w_n s + w_n^2}$

단, $\delta$ : 감쇄계수 또는 제동비

$w_n$ : 고유주파수

$\sigma = \delta \cdot w_n$ : 제동계수

$\tau = \dfrac{1}{\sigma} = \dfrac{1}{\delta \cdot w_n}$ : 시정수

$w = w_n \sqrt{1 - \delta^2}$ : 과도진동주파수

### (2) 제동비에 따른 제동조건

① $\delta > 1$ : 과제동(비진동)
② $\delta = 1$ : 임계제동(임계진동)
③ $\delta < 1$ : 부족제동(감쇄진동)
④ $\delta = 0$ : 무제동(무한진동)

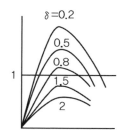

ex 2차계에서 감쇄율?　　$\dfrac{d^2y}{dt^2} + 5\dfrac{dy}{dt} + 9y = 9x$

$(S^2 + 5S + 9)Y(s) = 9X(s)$

$\dfrac{Y(s)}{X(s)} = \dfrac{9}{S^2 + 5S + 9}$

$w_n^2 = 9 \qquad w_n = 3$

$2\delta w_n = 5 \quad \therefore \delta = \dfrac{5}{6}$

**01** 시간영역에서 자동제어계를 해석할 기본시험입력에 사용되지 않는 입력은?

① 정속도 입력(ramp input)
② 단위계단 입력(unit step input)
③ 정가속도 입력(parabolic funtion input)
④ 정현파 입력(sine wave input)

해설 Chapter – 05 – **01** – (3)
기준입력 종류 : ① 계단 입력, ② 정속도 입력, ③ 정가속도 입력

**02** 자동제어계에서 Weight function이라 불리는 것은?

① error 함수
② 전달함수
③ impulse
④ over damp

해설
impulse 함수 : unit weight function(단위 하중 함수)

**03** 다음 임펄스응답에 관한 설명 중 옳지 않은 것은?

① 입력과 출력만 알면 임펄스응답을 알 수 있다.
② 회로소자의 값을 알면 임펄스응답은 알 수 있다.
③ 회로의 모든 초기값이 0일 때 입력과 출력을 알면 임펄스응답을 알 수 있다.
④ 회로의 모든 초기값이 0일 때 단위임펄스 입력에 대한 출력이 임펄스응답이다.

해설 Chapter – 05 – **01** – (1)
입력과 출력을 알면 임펄스응답을 알 수 있다.

**04** 어떤 제어계에 입력신호를 가하고 난 후 출력신호가 정상상태에 도달할 때까지의 응답을 무엇이라고 하는가?

① 시간응답
② 선형응답
③ 정상응답
④ 과도응답

정답 01 ④  02 ③  03 ②  04 ④

해설

입력을 가하고 난 후 출력이 정상값에 도달할 때까지의 응답을 과도응답이라 한다.


**05** 다음 과도응답에 관한 설명 중 틀린 것은?

① 오버슈트는 응답 중에 생기는 입력과 출력 사이의 최대 편차를 말한다.

② 시간 늦음(time delay)이란 응답이 최초로 희망값의 10[%] 진행되는 데 요하는 시간을 말한다.

③ 감쇄비 $= \dfrac{제2의 오버슈트}{최대 오버슈트}$

④ 임상시간(rise time)이란 응답이 희망값의 10[%]에서 90[%]까지 도달하는 데 요하는 시간을 말한다.

해설

지연시간 : 응답이 최초 목표값의 50[%]가 되는 데 요하는 시간


**06** 단위계단 입력신호에 대한 과도응답을 무엇이라 하는가?

① 임펄스응답            ② 인디셜응답

③ 노멀응답             ④ 램프응답

해설 Chapter – 05 – **01**

• 하중함수 → 임펄스응답

• 단위계단함수 → 인디셜응답


**07** 임펄스응답이 다음과 같이 주어지는 계의 전달함수는?

$$c(t) = 1 - 1.8^{-4t} + 0.8e^{-9t}$$

① $\dfrac{36s}{(S+4)(S+9)}$            ② $\dfrac{36}{(S+4)(S+9)}$

③ $\dfrac{36}{S(S+4)(S+9)}$            ④ $\dfrac{(S+4)}{S(S+4)(S+9)}$

해설

$$G(s) = \frac{C(s)}{R(s)} = \frac{\mathcal{L}\,[c(t)]}{\mathcal{L}\,[\delta(t)]} = \frac{1}{S} - \frac{1.8}{S+4} + \frac{0.8}{S+9}$$

$$= \frac{(S+4)(S+9) - 1.8\,S(S+9) + 0.8\,S(S+4)}{S(S+4)(S+9)}$$

$$= \frac{S^2 + 13S + 36 - 1.8S^2 - 16.2S + 0.8S^2 + 3.2S}{S(S+4)(S+9)}$$

$$= \frac{36}{S(S+4)(S+9)}$$

**08** 전달함수 $G(s) = \dfrac{1}{S+1}$ 인 제어계의 인디셜응답은?

① $1 - e^{-t}$   ② $e^{-t}$

③ $1 + e^{-t}$   ④ $e^{-t} - 1$

해설

$$G(s) = \frac{C(s)}{R(s)} = \frac{\mathcal{L}\,[c(t)]}{\mathcal{L}\,[u(t)]} = \frac{C(s)}{\dfrac{1}{S}} = \frac{1}{S+1}$$

$$\therefore\ C(s) = \frac{1}{S(S+1)} = \frac{k_1}{S} + \frac{k_2}{S+1} = \frac{1}{S} - \frac{1}{S+1}$$

$$\therefore\ c(t) = 1 - e^{-t}$$

**09** 어떤 제어계의 입력으로 단위임펄스가 가해졌을 때 출력이 $te^{-3t}$ 이었다. 이 제어계의 전달함수를 구하면?

① $\dfrac{1}{(S+3)^2}$

② $\dfrac{t}{(S+1)(S+2)}$

③ $t(S+2)$

④ $(S+1)(S+2)$

해설 Chapter − 05 − **02** − (1)

$$G(s) = \frac{C(s)}{R(s)} = \frac{\mathcal{L}\,[t\,e^{-3t}]}{\mathcal{L}\,[\delta(t)]} = \frac{\dfrac{1}{(S+3)^2}}{1} = \frac{1}{(S+3)^2}$$

**10** 오버슈트에 대한 설명 중 옳지 않은 것은?

① 계단응답 중에 생기는 입력과 출력 사이의 최대 편차량이 최대 오버슈트이다.

② 상대 오버슈트= $\dfrac{\text{최대 오버슈트}}{\text{최종의 희망값}} \times 100$

③ 자동제어계의 정상오차이다.

④ 자동제어계의 안정도의 척도가 된다.

**해설** Chapter − 05 − **02** − (1)
오버슈트가 제어계의 정상오차는 아니다.

**11** 과도응답의 소멸되는 정도를 나타내는 감쇠비(decay ratio)는?

① 최대 오버슈트 / 제2오버슈트　　　　② 제3오버슈트 / 제2오버슈트

③ 제2오버슈트 / 최대 오버슈트　　　　④ 제2오버슈트 / 제3오버슈트

**해설** Chapter − 05 − **02** − (2)

**12** 자동제어계에서 과도응답 중 지연시간을 옳게 정의한 것은?

① 목표값의 50[%]에 도달하는 시간

② 목표값이 허용오차의 범위에 들어갈 때까지의 시간

③ 최대 오버슈트가 일어나는 시간

④ 목표값이 10~90[%]까지 도달하는 시간

**해설** Chapter − 05 − **02** − (3)
지연시간(시간 늦음)은 응답이 최초로 정상값(목표값)의 50[%] 되는 데 걸리는 시간이다.

**13** 과도응답에서 상승시간 $t_r$는 응답이 최종값의 몇 [%]까지 상승하는 시간으로 정의되는가?

① 1~100　　　　② 10~90　　　　③ 20~80　　　　④ 30~70

**해설** Chapter − 05 − **02** − (4)
상승시간은 응답이 정상값(목표값)의 10 ~ 90[%]에 도달하는 데 걸리는 시간

**정답** 　10 ③　11 ③　12 ①　13 ②

**14** 정정시간(settling time)이란?

① 응답의 최종값의 허용범위가 10~15[%] 내에 안정되기까지 요하는 시간
② 응답의 최종값의 허용범위가 5~10[%] 내에 안정되기까지 요하는 시간
③ 응답의 최종값의 허용범위가 ±5[%] 내에 안정되기까지 요하는 시간
④ 응답의 최종값의 허용범위가 0~2[%] 내에 안정되기까지 요하는 시간

**해설** Chapter − 05 − **02** − (5)
정정시간은 응답이 최종값의 허용범위 ±5[%] 이내에 안정되기까지 요하는 시간이다.

**15** 어떤 제어계의 단위계단입력에 대한 출력응답 c(t)가 다음과 같이 주어진다. 지연시간 $T_d[s]$ 는?

$$c(t) = 1 - e^{-2t}$$

① 0.346　　　② 0.446　　　③ 0.693　　　④ 0.793

**해설** Chapter − 05 − **02** − (3)
$t \to T_d$ 이므로 $c(t) = 0.5$ 이다.
$0.5 = 1 - e^{-2 \times Td}$
$\dfrac{1}{e^{2\,Td}} = 1 - 0.5 = \dfrac{1}{2}$
$\therefore e^{2\,Td} = 2$ (양변에 $\log_e$ 를 취하면)
$\log_e e^{2\,Td} = \log_e 2$
$\therefore 2\,T_d = \log e\, 2$
$\therefore T_d = 0.346$

**16** 2차 제어계에서 최대 오버슈트(overshoot)가 일어나는 시간 $t_p$, 고유진동수 $w_n$, 감쇠율 $\delta$ 사이에는 어떤 관계가 있는가?

① $t_P = \dfrac{\pi}{w_n \sqrt{1 + 2\delta^2}}$ 　　　　② $t_p = \dfrac{\pi}{w_n \sqrt{1 - 2\delta^2}}$

③ $t_P = \dfrac{\pi}{w_n \sqrt{1 + \delta^2}}$ 　　　　④ $t_P = \dfrac{\pi}{w_n \sqrt{1 - \delta^2}}$

**해설**
최대 오버슈트가 발생할 조건
$t_P = \dfrac{\pi}{\omega_n \sqrt{1 - \delta^2}}$

**정답** **14** ③　**15** ①　**16** ④

**17** $G(s) = \dfrac{S+1}{S^2+2S-3}$ 의 특성방정식의 근은 얼마인가?

① $-2,\ 3$ 　　　　② $1,\ -3$ 　　　　③ $1,\ 2$ 　　　　④ $1$

**해설** Chapter $-\ 05\ -$ **03** $-\ (2)$

특성방정식 : 분모 $= 0$ 　　　　　　$\therefore\ S^2+2S-3 = 0$

$(S-1)(S+3) = 0$

$S = 1,\ -3$

**18** 평면(복소평면)에서의 극점배치가 그림과 같을 경우 이 시스템의 시간영역에서의 동작은?

① 감쇠진동한다.
② 점점 진동이 커진다.
③ 같은 진폭으로 진동한다.
④ 진동하지 않는다.

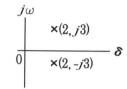

**해설** Chapter $-\ 05\ -$ **03** $-\ (5)$

극점의 위치가 우반면에 존재하면 진동은 증폭된다.
또한 극점의 위치가 좌반면에 존재하면 감쇠진동한다.

**19** 회로망 함수의 라플라스 변환이 $I/s+a$로 주어지는 경우 이의 시간영역에서 동작을 도시한 것 중 옳은 것은?

①
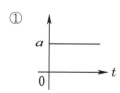

②
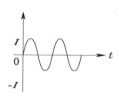

③
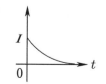

④

**20** 그림의 그래프에 있는 특성방정식의 근의 위치는?

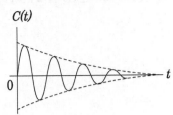

①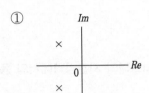

②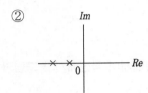

③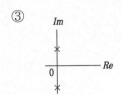

④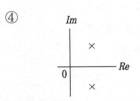

해설 Chapter − 05 − **03** − (5)
감쇠진동 : 극점의 위치가 좌반면에 존재한다.

**21** 어떤 제어계의 전달함수의 극점이 그림과 같다. 이 계의 고유 주파수 $w_n$과 감쇠율 $\delta$는?

① $w_n = \sqrt{2}$, $\delta = \sqrt{2}$      ② $w_n = 2$, $\delta = \sqrt{2}$

③ $w_n = \sqrt{2}$, $\delta = \dfrac{1}{\sqrt{2}}$      ④ $w_n = \dfrac{1}{\sqrt{2}}$, $\delta = \sqrt{2}$

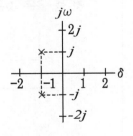

해설 Chapter − 05 − **04** − (1)

극점 $S = -1+j$   $S = -1-j$      특성방정식 $S^2 + 2S + 2 = 0$

전달함수 $G(s) = \dfrac{1}{(S+1-j)(S+1+j)}$    $S^2 + 2\delta \cdot w_n S + w_n^2 = S^2 + 2S + 2$

$\qquad\qquad = \dfrac{1}{(S+1)^2 - j^2}$      $w_n^2 = 2 \qquad 2 \cdot \delta \cdot w_n = 2$

$\qquad\qquad = \dfrac{1}{S^2 + 2S + 2}$      $w_n = \sqrt{2} \qquad \delta = \dfrac{2}{2w_n} = \dfrac{1}{\sqrt{2}}$

정답   20 ①   21 ③

**22** $M(s) = \dfrac{100}{S^2 + S + 100}$ 으로 표시되는 2차계에서 고유 진동주파수 $w_n$ 은?

① 2                              ② 5

③ 10                           ④ 20

[해설] Chapter − 05 − **04** − (1)

2차계의 전달함수 $G(s) = \dfrac{\omega_n^2}{S^2 + 2\delta\omega_n S + \omega_n^2}$        ∴ $\omega_n = 10$

(여기서, $\delta$ : 감쇠계수, $\omega_n$ : 고유 주파수)

**23** 특성방정식 $S^2 + S + 2 = 0$ 을 갖는 2차계의 제동비(damping ratio)는?

① 1                              ② $\dfrac{1}{\sqrt{2}}$

③ $\dfrac{1}{2}$                           ④ $\dfrac{1}{2\sqrt{2}}$

[해설] Chapter − 05 − **04** − (1)

$\omega^2 = 2$      ∴ $\omega_n = \sqrt{2}$, $2\delta\omega_n = 1$ 이므로 $\delta = \dfrac{1}{2\sqrt{2}}$

**24** 다음 미분방정식으로 표시되는 2차계가 있다. 감쇄율은 얼마인가?

$$\dfrac{d^2 y}{dt^2} + 5\dfrac{dy}{dt} + 9y = 9x$$

① 5          ② 6          ③ $\dfrac{6}{5}$          ④ $\dfrac{5}{6}$

[해설] Chapter − 05 − **04** − (1)

$G(s) = \dfrac{Y(s)}{X(s)} = \dfrac{9}{S^2 + 5S + 9}$

$\omega_n^2 = 9$, $\omega_n = 3$, $2\delta\omega_n = 5$      ∴ $\delta = \dfrac{5}{6}$ (**Tip** 5-4-3 **ex** 참조)

[정답] **22** ③    **23** ④    **24** ④

**25** 그림과 같은 궤환제어계의 감쇠계수(제동비)는?

① 1

② $\frac{1}{2}$

③ $\frac{1}{3}$

④ $\frac{1}{4}$

$$R(S) \xrightarrow{+} \bigotimes \xrightarrow{-} \boxed{\frac{4}{S(S+1)}} \longrightarrow C(S)$$

**[해설]** Chapter – 05 – **04** – (1)

특성방정식 $1 + \frac{4}{S(S+1)} = \frac{S^2 + S + 4}{S^2 + S} = 0$

$\therefore S^2 + S + 4 = 0$

$w_n^2 = 4, \quad \omega_n = 2, \quad 2\delta\omega_n = 1 \quad \therefore \delta = \frac{1}{4}$

**26** 2차 제어계에 대한 설명 중 잘못된 것은?

① 제동계수의 값이 작을수록 제동이 적게 걸려 있다.
② 제동계수의 값이 1일 때 알맞게 제동되어 있다.
③ 제동계수의 값이 클수록 제동은 많이 걸려 있다.
④ 제동계수의 값이 1일 때 임계제동되었다고 한다.

**[해설]** Chapter – 05 – **04** – (2)
$\delta < 1$일 때 부족제동(감쇠진동)이다.

**27** 제동비가 1보다 점점 작아질 때 나타나는 현상이다. 옳은 것은?

① 오버슈트가 점점 작아진다.
② 오버슈트가 점점 커진다.
③ 일정한 진폭을 가지고 무한히 진동한다.
④ 진동하지 않는다.

**[해설]** Chapter – 05 – **04** – (2)

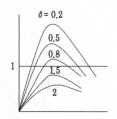

**28** 다음과 같은 계통의 시정수[s]는?

$$2\frac{d^2y}{dt^2}+4\frac{dy}{dt}+8y=8x$$

① 5          ② 3          ③ 2          ④ 1

**해설** Chapter − 05 − **04** − (1)

라플라스 변환하면

$$G(s)=\frac{Y(s)}{X(s)}=\frac{8}{2\,S^2+4S+8}=\frac{4}{S^2+2S+4}$$

$\dfrac{w_n^2}{S^2+2\delta w\,S+w_n{}^2}$ 과 비교하면

$$\omega_n=2,\ \delta=\frac{1}{2}$$

시정수 $\tau=\dfrac{1}{\omega_n\,\delta}=\dfrac{1}{1}=1[\text{s}]$

**29** 전달함수 $G(jw)=\dfrac{1}{1+6jw+9(jw)^2}$ 의 고유 각주파수는?

① 9          ② 3          ③ 1          ④ 0.33

**해설** Chapter − 05 − **04** − (1)

$$G(s)=\frac{1}{9S^2+6S+1}\times\frac{1}{9}=\frac{\dfrac{1}{9}}{S^2+\dfrac{2}{3}S+\dfrac{1}{9}}$$

$$\therefore\ \omega_n=\frac{1}{3}=0.33$$

**30** 전달함수 $\dfrac{C(s)}{R(s)}=\dfrac{25}{S^2+6S+25}$ 인 2차계의 과도 진동주파수 $\omega$는?

① 3[rad/s]          ② 4[rad/s]

③ 5[rad/s]          ④ 6[rad/s]

**해설** Chapter − 05 − **04** − (1)

과도 진동주파수 $\omega=\omega_n\sqrt{1-\delta^2}$ $\ (\omega_n=5,\ \delta=0.6)$

$$\therefore\ \omega=5\sqrt{1-0.6^2}=5\times0.8=4$$

**정답** 28 ④   29 ④   30 ②

**31** 특성방정식 $s^2 + 2\delta w_n s + w_n^2 = 0$인 계가 무제동 진동을 할 경우 $\delta$의 값은?

① $\delta = 0$　　　　② $\delta < 1$　　　　③ $\delta = 1$　　　　④ $\delta > 1$

**해설** Chapter - 05 - **04** - (2)

$\delta < 1$ : 부족제동
$\delta > 1$ : 과제동
$\delta = 1$ : 임계상태
$\delta = 0$ : 무제동

**32** 특성방정식 $s^2 + 2\delta w_n s + w_n^2 = 0$에서 $\delta$를 제동비라고 할 때 $\delta < 1$인 경우는?

① 임계진동　　　　　　② 강제진동
③ 감쇠진동　　　　　　④ 완전진동

**해설** Chapter - 05 - **04** - (2)

$\delta < 1$ : 부족제동
$\delta > 1$ : 과제동
$\delta = 1$ : 임계상태
$\delta = 0$ : 무제동

**33** 2차 시스템의 감쇠율(damping ratio) $\delta$가 $\delta < 1$이면 어떤 경우인가?

① 비감쇠　　　　　　② 과감쇠
③ 발산　　　　　　　④ 부족감쇠

**해설** Chapter - 05 - **04** - (2)

$\delta < 1$ : 부족제동
$\delta > 1$ : 과제동
$\delta = 1$ : 임계상태
$\delta = 0$ : 무제동

**정답** 31 ①　32 ③　33 ④

**34** 단위부궤환 계통에서 $G(s)$가 다음과 같을 때 $K=2$이면 무슨 제동인가?

$$G(s) = \frac{K}{S(S+2)}$$

① 무제동
② 임계제동
③ 과제동
④ 부족제동

해설

전달함수 $G(s) = \dfrac{\dfrac{K}{S(S+2)}}{1+\dfrac{K}{S(S+2)}}$

$\equiv \dfrac{K}{S^2+2S+K}$

특성방정식 $S^2+2S+K=0$

$S^2+2S+2=0$

$w_n^2 = 2, \quad w_n = \sqrt{2}$

$2 \cdot \delta w_n = 2$

$\delta = \dfrac{1}{\sqrt{2}} = 0.707$

$\delta < 1$이므로 부족제동

**35** 전달함수 $\dfrac{C(s)}{R(s)} = \dfrac{1}{4S^2+3S+1}$ 인 제어계는 어느 경우인가?

① 과제동(over damped)
② 부족제동(under damped)
③ 임계제동(critical damped)
④ 무제동(undamped)

해설

특성방정식 $4S^2+3S+1=0$

$S^2+\dfrac{3}{4}S+\dfrac{1}{4}=0$에서

$S^2+2\delta w_n S+w_n^2 = S^2+\dfrac{3}{4}S+\dfrac{1}{4}$

$w_n^2 = \dfrac{1}{4}, \ 2 \cdot \delta w_n = \dfrac{3}{4}$

$w_n = \dfrac{1}{2}, \ \delta = \dfrac{3}{4}$

정답 **34** ④ **35** ②

**36** 폐경로 전달함수가 $\dfrac{w_n^2}{S^2+2\delta w_n S + w_n^2}$ 으로 주어진 단위궤환계가 있다. $0<\delta<1$인 경우 단위계단입력에 대한 응답은?

①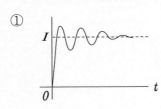

②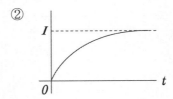

③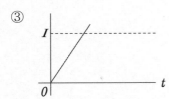

④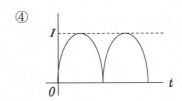

**해설** Chapter – 05 – **04** – (2)
가장 안정적인 응답 $0 < \delta < 1$

**37** R-L-C 직렬회로에서 부족제동인 경우 감쇠진동의 고유주파수 $f$는?

① 공진주파수보다 크다.
② 공진주파수보다 작다.
③ 공진주파수에 관계없이 일정하다.
④ 공진주파수와 같이 증가한다.

**해설**
부족제동의 경우 고유주파수 $f$ 는 공진주파수 $f_r$ 보다 작다.

**38** 전달함수 $G(jw)=\dfrac{1}{1+j6w+9(jw)^2}$ 의 요소의 인디셜응답은?

① 진동 ② 임계진동
③ 지수함수적으로 증가 ④ 비진동

**정답** 36 ① 37 ② 38 ②

해설

특성방적식 : $9S^2 + 6S + 1 = 0$에서

$$S^2 + \frac{2}{3}S + \frac{1}{9} = 0$$

$$w_n^2 = \frac{1}{9} \quad 2\delta w_n = \frac{2}{3}$$

$$w_n = \frac{1}{3}, \quad \delta = 1 \text{이므로 임계진동}$$

**39** 전달함수 $G(jw) = \dfrac{1}{1 + jw + (jw)^2}$ 인 요소의 인디셜응답은?

① 직류　　　　　② 임계진동　　　　　③ 진동　　　　　④ 비진동

해설 Chapter − 05 − **04** − (2)

$G(j\omega) = \dfrac{1}{1 + j\omega + (j\omega)^2}$ 은 2차 지연요소의 전달함수인

$G(s) = \dfrac{1}{S^2 + S + 1}$ 과 $G(s) = \dfrac{w_n}{S^2 + 2\delta w_n S + w_n^2}$ 과 같으므로

$\omega_n = 1$ 이고, $\delta = \dfrac{1}{2}$ 이므로 진동조건이다.

**40** 어떤 회로의 영입력 응답(또는 자연응답)이 다음과 같다.

$$V(t) = 84(e^{-t} - e^{-6t})$$

다음의 서술에서 잘못된 것은?

① 회로의 시정수 1, 1/6 두 개이다.　　　② 이 회로는 2차 회로이다.
③ 이 회로는 과제동되었다.　　　　　　　④ 이 회로는 임계제동되었다.

해설 Chapter − 05 − **04** − (2)

$$\mathcal{L}\,[84(e^{-t} - e^{-6t})] = 84\left(\frac{1}{S+1} - \frac{1}{S+6}\right)$$

$$= 84\left[\frac{(S+6) - (S+1)}{(S+1)(S+6)}\right]$$

$$= 84\left[\frac{5}{S^2 + 7S + 6}\right] = 70\left[\frac{6}{S^2 + 7S + 6}\right]$$

정답　**39** ③　**40** ④

여기서, $2 \delta \omega_n s = 7s$, $\omega_n^2 = 6$이므로

$\therefore 2 \sqrt{6} \delta = 7$

$\therefore \delta = \dfrac{7}{2 \sqrt{6}} = 1.42$

따라서, $\delta > 1$이면 과제동, 비진동이 된다.

**41** 그림의 단위계단함수의 주파수의 연속 스펙트럼은?

① $A T_p [\dfrac{\sin (\omega T_p / 2)}{\omega T_p / 2}]$

② $A T_p [\sin (\omega T_p / 2)]$

③ $A T_p [\dfrac{\cos (\omega T_p / 2)}{\omega T_p / 2}]$

④ $A T_p [\dfrac{\sin (\omega T_p / 2)}{\omega T_p / 2}]$

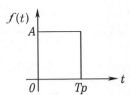

**42** 전달함수가 $\dfrac{C(s)}{R(s)} = \dfrac{1}{3s^2 + 4s + 1}$ 인 제어시스템의 과도응답의 특성은?

① 무제동          ② 부족제동

③ 임계제동        ④ 과제동

해설 Chapter 05 – 04
2차계의 과도응답
$3s^2 + 4s + 1 = 0$이므로

$s = -1, -\dfrac{1}{3}$ 이 되므로 서로 다른 음의 실근이 되므로 과제동이 된다.

**43** 특성방정식의 모든 근이 s평면(복소평면)의 $j\omega$축(허수축)에 있을 때 이 제어시스템의 안정도는?

① 알 수 없다.        ② 안정하다.

③ 불안정하다.       ④ 임계안정이다.

해설 Chapter 05 – 03
특성방정식의 근이 좌반부에 존재 시 안정, 우반부에 존재하면 불안정하다. 다만 허수축일 경우 임계안정이다.

정답   41 ①   42 ④   43 ④

# chapter
# 06

---

# 편차와 감도

## 01 정상편차($e_{ss}$)

단위부궤환 제어계의 입력과 출력의 편차 $E(s)$에 대한 최종값을 정상편차라 한다.

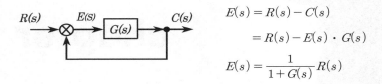

$$E(s) = R(s) - C(s)$$
$$= R(s) - E(s) \cdot G(s)$$
$$E(s) = \frac{1}{1 + G(s)} R(s)$$

$$e_{ss} = \lim_{t \to \infty} e(t) = \lim_{s \to 0} \frac{s}{1 + G(s)} R(s) \, (\text{단, } G(s) \text{는 전향전달함수})$$

**(1) 단위계단입력** : 기준입력 $r(t) = u(t) = 1, \quad R(s) = \frac{1}{S}$

**(2) 단위램프입력** : 기준입력 $r(t) = t, \quad R(s) = \frac{1}{S^2}$

**(3) 포물선입력** : 기준입력 $r(t) = \frac{1}{2} t^2, \quad R(s) = \frac{1}{S^3}$

## 02 정상편차의 종류

**(1) 정상위치편차**($e_{ssp}$) : 단위부궤환 제어계에 단위계단입력이 가하여진 경우의 정상편차를 정상
위치편차라 한다.

$$e_{ssp} = \lim_{s \to 0} \frac{S}{1 + G(s)} R(s) = \lim_{s \to 0} \frac{S}{1 + G(s)} \times \frac{1}{s} = \lim_{s \to 0} \frac{1}{1 + G(s)} = \frac{1}{1 + \lim_{s \to 0} G(s)} = \frac{1}{1 + K_p}$$

단, $K_p = \lim_{s \to 0} G(s)$ : 위치편차상수

**(2) 정상속도편차**($e_{ssv}$) : 단위부궤환 제어계에 단위램프입력이 가하여진 경우의 정상편차를 정상
속도편차라 한다.

$$e_{ssv} = \lim_{s \to 0} \frac{S}{1 + G(s)} R(s) = \lim_{s \to 0} \frac{S}{1 + G(s)} \times \frac{1}{S^2} = \lim_{s \to 0} \frac{1}{S + SG(s)} = \frac{1}{\lim_{s \to 0} SG(s)} = \frac{1}{K_v}$$

단, $K_v = \lim_{s \to 0} SG(s)$ : 속도편차상수

**(3) 정상가속도편차**($e_{ssa}$) : 단위부궤환 제어계에 포물선입력이 가하여진 경우의 정상편차를 정상
가속도편차라 한다.

$$e_{ssa} = \lim_{S \to 0} \frac{S}{1+G(s)} R(s) = \lim_{S \to 0} \frac{S}{1+G(s)} \times \frac{1}{S^3} = \lim_{S \to 0} \frac{1}{S^2 + S^2 G(s)} = \frac{1}{\lim_{S \to 0} S^2 G(s)} = \frac{1}{K_a}$$

단, $K_a = \lim_{S \to 0} S^2 G(s)$ : 가속도편차상수

## 03 자동제어계의 형의 분류

**(1)** 개루프 전달함수 $G(s)H(s)$의 원점($S=0$)에 있는 극점의 수에 의해서 분류된다.

$G(s)H(s) = \dfrac{K}{s^N}$ 에서

$N=0$이면 0형 제어계, $N=1$이면 1형 제어계,
$N=2$이면 2형 제어계, $N=3$이면 3형 제어계가 된다.

**(2) 형의 분류에 의한 정상편차 및 편차상수**

| 형 | $K_p$ | $K_v$ | $K_a$ | $e_{ssp}$ | $e_{ssv}$ | $e_{ssa}$ | 비고 |
|---|---|---|---|---|---|---|---|
| 0 | K | 0 | 0 | $\dfrac{R}{1+K}$ | $\infty$ | $\infty$ | 계단입력 : $\dfrac{R}{S}$ |
| 1 | $\infty$ | K | 0 | 0 | $\dfrac{R}{K}$ | $\infty$ | 속도입력 : $\dfrac{R}{S^2}$ |
| 2 | $\infty$ | $\infty$ | K | 0 | 0 | $\dfrac{R}{K}$ | 가속도입력 : $\dfrac{R}{S^3}$ |
| ⋮ | | | | | | | |

## 04 감도

주어진 요소 $K$에 의한 계통의 폐루프 전달함수 $T$의 미분 감도는 $S_K^T = \dfrac{K}{T} \cdot \dfrac{dT}{dK}$ 에 의해서 구한다.
단, $T = \dfrac{C(s)}{R(s)}$ 인 폐루프 전달함수이다.

ex 그림과 같은 블록선도의 제어계에서
$K_1$에 대한 $T = \dfrac{C}{R}$의 감도 $S_{K1}^T$ 는?

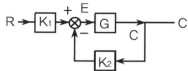

**Sol.** 먼저 전달함수 $T$를 구하면 $T = \dfrac{C}{R} = \dfrac{K_1 G(s)}{1+G(s)K_2}$ 이므로 감도 공식에 대입하면

$$S_{K1}^T = \frac{K_1}{T} \cdot \frac{dT}{dK_1} = \frac{K_1}{\dfrac{K_1 G(s)}{1+G(s)K_2}} \cdot \frac{d}{dK_1} \left( \frac{K_1 G(s)}{1+G(s)K_2} \right)$$

$$= \frac{1+G(s)K_2}{G(s)} \cdot \frac{G(s)}{1+G(s)K_2} = 1 \text{이 된다.}$$

**01** 다음 중 속도편차 상수는?

① $\lim_{s \to 0} G(s)$

② $\lim_{s \to 0} SG(s)$

③ $\lim_{s \to 0} S^2 G(s)$

④ $\lim_{s \to 0} S^3 G(s)$

**해설** Chapter − 06 − **02** − (2)

- 위치편차 상수 $K_p = \lim_{s \to 0} G(s)$
- 속도편차 상수 $K_v = \lim_{s \to 0} SG(s)$
- 가속도편차 상수 $K_a = \lim_{s \to 0} S^2 G(s)$

**02** 단위 부궤환계에서 단위계단입력이 가하여졌을 때의 정상편차는? (단, 개루프 전달함수는 $G(s)$ 이다.)

① $\dfrac{1}{1 + \lim_{s \to 0} G(s)}$

② $\dfrac{1}{\lim_{s \to 0} SG(s)}$

③ $\dfrac{1}{\lim_{s \to 0} S^2 G(s)}$

④ $\dfrac{1}{\lim_{s \to 0} S^3 G(s)}$

**해설** Chapter − 06 − **02** − (1)

정상위치편차

$$e_{ss} = \lim_{s \to 0} \frac{S}{1 + G(s)} \cdot R(s) = \lim_{s \to 0} \frac{S}{1 + G(s)} \times \frac{1}{S} = \lim_{s \to 0} \frac{1}{1 + G(s)} = \frac{1}{1 + \lim_{s \to 0} G(s)}$$

**03** 다음 그림과 같은 블록선도의 제어계통에서 속도편차 상수 $K_v$는 얼마인가?

① 2

② 0

③ 0.5

④ ∞

**해설** Chapter − 06 − **02**

$$K_v = \lim_{s \to 0} S \cdot \frac{4(S+2)}{S(S+1)(S+4)} = 2$$

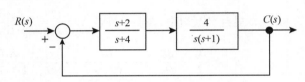

**정답** 01 ②  02 ①  03 ①

**04** 그림의 블록선도에서 $H = 0.1$이면 오차 $E$[V]는?

① −6        ② 6

③ −40       ④ 40

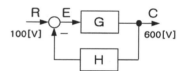

[해설] Chapter − 06 − **02**

$E = R - CH$
  $= 100 - 600 \times 0.1$
  $= 40[V]$

**05** 개루프 전달함수 $G(s) = \dfrac{1}{S(S^2 + 5S + 6)}$인 단위궤환계에서 단위계단입력을 가하였을 때의

잔류편차(offset)는?

① 0        ② 1/6        ③ 6        ④ ∞

[해설] Chapter − 06 − **02** − (1)

$r(t) = u(t)$        $\therefore R(s) = \dfrac{1}{S}$

$e_{ss} = \lim\limits_{s \to 0} \dfrac{S}{1 + G(s)} R(s) = \lim\limits_{s \to 0} \dfrac{S}{1 + G(s)} \cdot \dfrac{1}{S}$

   $= \lim\limits_{s \to 0} \dfrac{1}{1 + G(s)} = \lim\limits_{s \to 0} \dfrac{1}{1 + \dfrac{1}{S(S^2 + 2S + 6)}}$

   $= \lim\limits_{s \to 0} \dfrac{S(S^2 + 2S + 6)}{S(S^2 + 2S + 6) + 1} = 0$

**06** 다음에서 입력 $r(t) = 5t$일 때 상태편차는 얼마인가?

① $e_{ss} = 2$        ② $e_{ss} = 4$

③ $e_{ss} = 6$        ④ $e_{ss} = \infty$

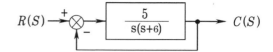

[해설] Chapter − 06 − **02** − (2)

$r(t) = 5t$    $\therefore R(s) = \dfrac{5}{S^2}$

$e_{ssv} = \lim\limits_{s \to 0} \dfrac{S}{1 + G(s)} R(s) = \lim\limits_{s \to 0} \dfrac{S}{1 + \dfrac{5}{S(S + 6)}} \cdot \dfrac{5}{S^2}$

     $= \lim\limits_{s \to 0} \dfrac{5}{S + \dfrac{5}{S + 6}} = 6$

**07** 그림의 블록선도로 보인 안정한 제어계의 단위경사입력에 대한 정상상태오차는?

① 0

② $\dfrac{1}{4}$

③ $\dfrac{1}{2}$

④ ∞

해설

$$K_v = \lim_{s \to 0} S \frac{4(S+2)}{S(S+1)(S+4)} = 2$$

$$e_{ssv} = \frac{1}{kv} = \frac{1}{2} = 0.5$$

**08** 개루프 전달함수 $G(s)$가 다음과 같이 주어지는 단위 피드백계에서 단위속도입력에 대한 정상편차는?

$$G(s) = \frac{10}{S(S+1)(S+2)}$$

① $\dfrac{1}{2}$

② $\dfrac{1}{3}$

③ $\dfrac{1}{4}$

④ $\dfrac{1}{5}$

해설

$$e_{ssv} = \frac{1}{\lim_{s \to 0} SG(s)} = \frac{1}{\lim_{s \to 0} s \cdot \dfrac{10}{S(S+1)(S+2)}} = \frac{1}{\dfrac{10}{2}} = \frac{1}{5}$$

**09** $G(s)H(s) = \dfrac{K_v}{TS+1}$ 일 때 이 계통은 어떤 형인가?

① 0형

② 1형

③ 2형

④ 3형

해설 Chapter − 06 − **03**

㉮ 0형 : $\dfrac{1}{1+K_p}$ (위치편차)

㉯ 1형 : $\dfrac{1}{K_v}$ (속도편차)

㉰ 2형 : $\dfrac{1}{K_a}$ (가속도편차)

정답  07 ③  08 ④  09 ①

**10** 그림과 같은 블록선도로 표시되는 제어계는 무슨 형인가?

① 0형　　　　　　② 1형

③ 2형　　　　　　④ 3형

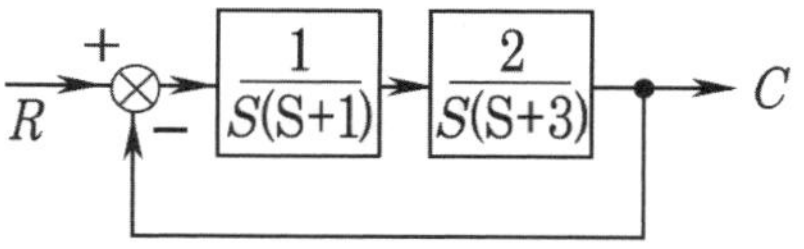

$$R \xrightarrow{+} \bigotimes \xrightarrow{-} \boxed{\frac{1}{S(S+1)}} \boxed{\frac{2}{S(S+3)}} \longrightarrow C$$

해설 Chapter － 06 － **03**

$$G(s)\,H(s) = \frac{2}{S^2(S+1)(S+3)}$$

분모가 $s$에 관한 2차식이므로 2형 제어계이다.

**11** 계단오차 상수를 $K_p$라 할 때 1형 시스템의 계단입력 $u(t)$에 대한 정상상태오차 $e_{ss}$는?

① 1　　　　② $\dfrac{11}{K_p}$　　　　③ 0　　　　④ $\infty$

해설 Chapter － 06 － **03**

$$e_{ss} = \lim_{s \to 0} \frac{S}{1+G(s)} R(s) = \lim_{s \to 0} \frac{1}{1+\dfrac{K_p}{S^n}} \text{에서 } n = 1\text{일 때 } e_{ss} = 0$$

**12** 어떤 제어계에서 단위계단입력에 대한 정상편차가 유한값이다. 이 계는 무슨 형인가?

① 0형　　　　　　　② 1형

③ 2형　　　　　　　④ 3형

해설 Chapter － 06 － **03**

㉮ 0형 : $\dfrac{1}{1+K_p}$ (위치편차)

㉯ 1형 : $\dfrac{1}{K_v}$ (속도편차)

㉰ 2형 : $\dfrac{1}{K_a}$ (가속도편차)

**13** 단위램프입력에 대하여 속도편차 상수가 유한값을 갖는 제어계의 형은?

① 0형　　　　　　　② 1형

③ 2형　　　　　　　④ 3형

정답 **10** ③ 　**11** ③ 　**12** ① 　**13** ②

해설 Chapter – 06 – **03**

㉮ 0형 : $\dfrac{1}{1+K_p}$ (위치편차)

㉯ 1형 : $\dfrac{1}{K_v}$ (속도편차)

㉰ 2형 : $\dfrac{1}{K_a}$ (가속도편차)

**14** $G_{c1}(s)=K,\ G_{c2}(s)=\dfrac{1+0.1S}{1+0.2S},\ G_p(s)=\dfrac{200}{S(S+1)(S+2)}$ 인 그림과 같은 제어계에 단위램프 입력을 가할 때 정상편차가 0.01이라면 $K$의 값은?

① 0.1
② 1
③ 10
④ 100

$R(S) \xrightarrow{\ +\ } \bigotimes \xrightarrow{\ -\ } \boxed{G_{C1}(S)} \rightarrow \boxed{G_{C2}(S)} \rightarrow \boxed{G_p(S)} \rightarrow C(S)$

해설 Chapter – 06 – **02** – (2)

속도편차 상수 $K_v = \lim_{s \to 0} S \cdot \dfrac{200K(1+0.1S)}{S(S+1)(S+2)(1+0.2s)} = 100K$

속도편차는 $e_{ss} = \dfrac{1}{K_v} = \dfrac{1}{100K} = 0.01 \qquad \therefore\ K = 1$

**15** 다음 그림의 보안계통에서 입력변환기 $K_1$에 대한 계통의 전달함수 $T$의 감도는 얼마인가?

① −1          ② 0
③ 0.5          ④ 1

해설 Chapter – 06 – **04**

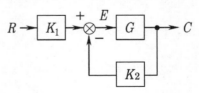

$T = \dfrac{GK_1}{1+GK_2}$

$\therefore C_{K_1}^T = \dfrac{K_1}{T} \cdot \dfrac{dT}{dK_1} = \dfrac{K_1}{\dfrac{GK_1}{1+GK_2}} \cdot \dfrac{d}{dK_1}\left(\dfrac{GK_1}{1+GK_2}\right)$

$\qquad = \dfrac{1+GK_2}{G} \cdot \dfrac{G(1+GK_2)}{(1+GK_2)^2} = 1$

**16** 그림의 블록선도에서 폐루프 전달함수 $T = \dfrac{C}{R}$에서 $H$에 대한 감도 $S_H^T$는?

① $\dfrac{-GH}{1+GH}$

② $\dfrac{-H}{(1+GH)^2}$

③ $\dfrac{H}{1+GH}$

④ $\dfrac{-H}{1+GH}$

**해설** Chapter − 06 − **04**

$$T = \frac{C}{R} = \frac{G}{1+GH}$$

$$\therefore \; S_H^T = \frac{H}{T} \cdot \frac{dT}{dH} = \frac{H}{\dfrac{G}{1+GH}} \cdot \frac{d}{dH}\left(\frac{G}{1+GH}\right) = \frac{-GH}{1+GH}$$

**17** 블록선도의 제어시스템의 단위램프입력에 대한 정상상태오차(정상편차)가 0.01이다. 이 제어시스템의 제어요소인 $G_{C1}(s)$의 $k$는?

$$G_{C1}(s) = k, \;\; G_{C2}(s) = \frac{1+0.1s}{1+0.2s}, \;\; G_P(s) = \frac{20}{s(s+1)(s+2)}$$

① 0.1          ② 1          ③ 10          ④ 100

**해설** Chapter 06 − **01**

정상편차

(1) $G(s) = GH = G_{C1} \times G_{C2} \times G_P = \dfrac{20k(1+0.1s)}{s(s+1)(s+2)(1+0.2s)}$

(2) 속도편차 상수 $K_v = \lim\limits_{s \to 0} s\,G(s) = 10k$

(3) $e_{ssv} = \dfrac{1}{K_v} = \dfrac{1}{10k} = 0.01$

$k = 10$이 된다.

**정답**   **16** ①   **17** ③

**18** 그림과 같은 제어시스템의 폐루프 전달함수 $T(s) = \dfrac{C(s)}{R(s)}$에 대한 감도 $S_K^T$는?

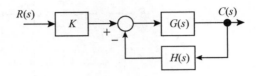

① 0.5

② 1

③ $\dfrac{G}{1+GH}$

④ $\dfrac{-GH}{1+GH}$

**해설**

감도

전달함수 $T = \dfrac{KG}{1+GH}$

감도 $S_K^T = \dfrac{K}{T}\dfrac{dT}{dK} = \dfrac{K}{1+\dfrac{KG}{GH}} \times \dfrac{d}{dK}\left(\dfrac{KG}{1+GH}\right) = 1$이 된다.

**19** 그림과 같은 피드백 제어시스템에서 입력이 단위계단함수일 때 정상상태 오차상수인 위치상수($K_p$)는?

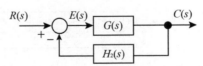

① $K_p = \displaystyle\lim_{s \to 0} G(s)H(s)$

② $K_p = \displaystyle\lim_{s \to 0} \dfrac{G(s)}{H(s)}$

③ $K_p = \displaystyle\lim_{s \to \infty} G(s)H(s)$

④ $K_p = \displaystyle\lim_{s \to \infty} \dfrac{G(s)}{H(s)}$

**해설** Chapter 06 – **01**

정상편차

$K_p = \displaystyle\lim_{s \to 0} G(s)H(s)$

**정답** 18 ② 19 ①

# chapter
# 07

## 주파수 응답

## 01 주파수 응답

전달함수 $G(s)$에서 $S$대신 $jw$인 주파수 입력 $x(t)$에 대한 출력 $y(t)$를 주파수 응답이라 한다. 또한 $G(jw)$를 주파수 전달함수라고 한다.

**(1) 진폭비** $=|G(jw)|= \sqrt{\text{실수부}^2 + \text{허수부}^2}$

**(2) 위상차** $\theta = \angle G(jw) = \tan^{-1} \dfrac{\text{허수부}}{\text{실수부}}$

## 02 벡터궤적

$w$를 0에서 $\infty$로 변화 시 주파수 전달함수 $G(jw)$의 크기와 위상의 변화를 궤적으로 표현한 그림이다.

**(1) 1차 지연요소**

$$G(s) = \frac{1}{1+Ts} = \frac{1}{1+j\omega T} = \frac{1}{1+\omega^2 T^2}(1-j\omega T)$$

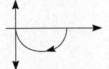

**(2) 부동작 지연요소**

$$G(s) = e^{-Ls} = e^{-j\omega L} = \cos\omega L - j\sin\omega L$$

※ 실수부 + 허수부

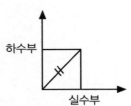

$| \ |= \sqrt{\text{실수부}^2 + \text{허수부}^2}$

$\theta = \tan^{-1} \dfrac{\text{허수부}}{\text{실수부}}$

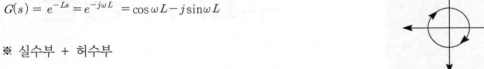

$$G(s) = \frac{K}{1+Ts} \qquad s \leftarrow j\omega$$

$$G(j\omega) = \frac{K}{1+j\omega T} \qquad\qquad |G(j\omega)| = \frac{K}{\sqrt{1^2 + (\omega T)^2}}$$

$$\angle = \frac{K \angle 0°}{\tan^{-1}\omega T}$$

$$\therefore |G(j\omega)| = \sqrt{1^2 + (w T)^2} \ \angle 0° - \tan^{-1}\omega T$$

ex 1 $G(j\omega) = \dfrac{K}{1+j\,\omega\,T}$

$|\,G(j\omega)\,| = \dfrac{K}{\sqrt{1^2+(\omega\,T)^2}}\ \angle\,0° - \tan^{-1}\omega T$

- $\lim\limits_{\omega \to 0}|\,G(j\omega)\,| = \dfrac{K}{1} = K$

  $\angle = 0°$

- $\lim\limits_{\omega \to \infty}|\,G(j\omega)\,| = \dfrac{K}{j\omega T} = 0$

  $\angle = -90°$

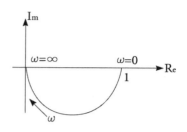

ex 2 $\dfrac{K}{(1+j\,\omega\,T_1)(1+j\,\omega\,T_2)}$

- $\lim\limits_{\omega \to 0}|\,G(j\omega)\,| = \dfrac{K}{1} = K\ \angle = 0°$

- $\lim\limits_{\omega \to \infty}|\,G(j\omega)\,| = \dfrac{K}{(j\omega)^2\,T_1\,T_2} = 0$

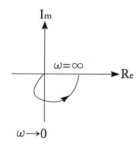

ex 3 $\dfrac{K}{j\,\omega\,(1+j\,\omega\,T)}$ $(\omega \to 0$ 시 분모 괄호안만 대입$)$

- $\lim\limits_{\omega \to 0}|\,G(j\omega)\,| = \dfrac{K}{j\,\omega} = \infty$

  $\angle = -90°$

- $\lim\limits_{\omega \to \infty}|\,G(j\omega)\,| = \dfrac{K}{(j\,\omega)^2\,T} = 0$

  $\angle = -180°$

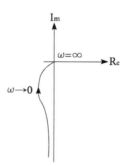

ex 4 $\dfrac{K}{j\,\omega(1+j\,\omega\,T_1)(1+j\,\omega\,T_2)}$

- $\lim\limits_{\omega \to 0}|\,G(j\omega)\,| = \dfrac{K}{j\,\omega} = \infty$

  $\angle = -90°$

- $\lim\limits_{\omega \to \infty}|\,G(j\omega)\,| = \dfrac{K}{(j\,\omega)^3\,T_1\,T_2} = 0$

  $\angle = -270°$

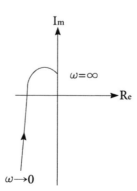

## 03 보드선도

**(1) 이득** $g = 20\log|G(jw)|[\text{dB}]$

**(2) 위상** $\theta = \angle G(jw)$ $\quad$ (단, $j = 90°$, $-j = \dfrac{1}{j} = -90°$)

**(3) 절점주파수** $w_0$ : 실수부와 허수부가 같아지는 주파수

**ex 1** $G(s) = e^{-LS}$에서 $w = 100[\text{rad/sec}]$일 때 이득[dB]은?

$G(jw) = e^{-jwL}$ $\qquad$ $|\ | = 1$

$\therefore\ 20\log 1 = 0[dB]$

**ex 2** $G(s) = \dfrac{1}{0.1S(0.01S+1)}$ 에서 $w = 0.1[\text{rad/s}]$일 때 이득 및 위상각은?

$G(jw) = \dfrac{1}{0.1jw(0.01jw+1)}$ $\qquad$ $|\ | = \dfrac{1}{0.01\sqrt{0.001^2+1^2}}$ (너무 적으므로 제외시킴)

$\qquad\qquad\qquad\qquad\qquad\qquad \fallingdotseq \dfrac{1}{0.01} = 10^2$

$20\log 10^2 = 40\log 10 = 40[\text{dB}]$

$\angle = -90° \ (\leftarrow \dfrac{1}{jw0.1})$

**ex 3** $G(s)H(s) = \dfrac{2}{(S+1)(S+2)}$ (개루프)의 이득여유?

$|\ | = \dfrac{2}{\sqrt{w^2+1}\ \sqrt{w^2+4}}$ $\quad$ ($w$가 값이 주어지지 않으면 $w=0$에서 시작한다.)

$\displaystyle\lim_{w\to 0}\dfrac{2}{1\times 2} = 1$

$20\log\dfrac{1}{1} = 0[\text{dB}]$

**ex 4** $G(s)H(s) = \dfrac{K}{(S+1)(S-2)}$ $\ 40[\text{dB}]$일 때 $K = ?$

$|\ | = \dfrac{K}{\sqrt{w^2+1}\ \sqrt{w^2+2^2}}$ ($w$가 값이 주어지지 않으면 $w=0$에서 시작한다.)

$\displaystyle\lim_{w\to 0}|\ | = \dfrac{K}{2}$

$20\log\dfrac{2}{K} = 40[\text{dB}]$

$\therefore K = \dfrac{1}{50}$

## 04 주파수 특성에 관한 제정수

### (1) 대역폭

: 입력에 대한 출력의 비 $G(s) = \dfrac{C(s)}{R(s)} = 0.707 = \dfrac{1}{\sqrt{2}}$ 일 때의 주파수 $w$를 말한다.

대역폭이 넓으면 넓을수록 응답속도가 빠르다.

### (2) 공진정점 $M_p = \dfrac{1}{2\delta\sqrt{1-\delta^2}}$

: 공진정점이 크면 과도응답 시 오버슈트가 커지며 불안정하다.

### (3) 공진주파수 $w_p = w_n\sqrt{1-2\delta^2}$

: 공진정점이 일어나는 주파수

### (4) 분리도 : 분리도가 예리할수록 큰 공진정점을 동반하므로 불안정하기 쉽다.

### (5) 절점주파수 : 실수와 허수가 같을 때의 $w$값

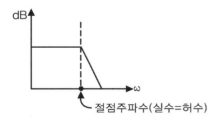
절점주파수(실수=허수)

**ex 1** $G(s) = \dfrac{1}{1+5S}$ 일 때 절점에서 절점주파수 $w_0 = ?$

$$\dfrac{1}{1+5jw} \qquad\qquad 1 = 5w \qquad\qquad \therefore\ w = \dfrac{1}{5} = 0.2$$

**ex 2** $G(jw) = \dfrac{1}{1+jwT}$ 인 제어계에서 절점주파수일 때 이득은?

$$1 = wT \qquad w = \dfrac{1}{T}$$

$$\dfrac{1}{1+j} \qquad |\ | = \dfrac{1}{\sqrt{1+1}} = \dfrac{1}{\sqrt{2}}$$

$$\therefore\ 20\log\dfrac{1}{\sqrt{2}} = -3.01[\text{dB}]$$

## (6) 이득 곡선

ex 3 $G(s) = \dfrac{10}{(S+1)(10S+1)}$ 의 보드선도의 이득 곡선은?

절점 1, 0.1

$20\log10 - 20\log\sqrt{w^2+1} - 20\log\sqrt{(10w)^2+1}$

- $w < 0.1$     $w \to 0$     $20\log10 = 20\,[\text{dB/dece}]$
- $0.1 < w < 1$   $w \to 0.5$       $= 20\log10 - 20\log10w$
                                $\fallingdotseq -20\,[\text{dB/dece}]$
- $w > 0$         $w \to \infty$     $20\log10 - 20\log w - 20\log w10$
                   $= 20\log10 - 20\log w - 20\log10 - 20\log w$
                   $\fallingdotseq -40\,[\text{dB/dece}]$

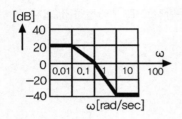

# 출제예상문제

**01** 전달함수 $G(jw) = \dfrac{1}{1+jwT}$의 크기와 위상각을 구한 값은? (단, $T > 0$이다.)

① $G(jw) = \dfrac{1}{\sqrt{1+w^2 T^2}} \angle -\tan^{-1} wT$

② $G(jw) = \dfrac{1}{\sqrt{1-w^2 T^2}} \angle -\tan^{-1} wT$

③ $G(jw) = \dfrac{1}{\sqrt{1^2 + w^2 T^2}} \angle \tan^{-1} wT$

④ $G(jw) = \dfrac{1}{\sqrt{1-w^2 T^2}} \angle \tan^{-1} wT$

**해설** Chapter − 07 − **01**

크기는

$$|G(j\omega)| = \left| \frac{1}{1+j\omega T} \right| = \frac{1}{\sqrt{1+(\omega T)^2} \angle \tan^{-1} wT}$$

$$= \frac{1}{\sqrt{R^2 + (wT)^2}} \angle -\tan^{-1} wT$$

$$(위상각 \ \theta = -\tan^{-1} \frac{\omega T}{1} = -\tan^{-1} \omega T)$$

**02** 전달함수 $G(s) = \dfrac{20}{3+2S}$을 갖는 요소가 있다. 이 요소에 $w = 2$인 정현파를 주었을 때 $|G(jw)|$를 구하면?

① $|G(jw)| = 8$  　　　　　　② $|G(jw)| = 6$

③ $|G(jw)| = 2$  　　　　　　④ $|G(jw)| = 4$

**해설** Chapter − 07 − **01**

$G(j\omega) = \dfrac{20}{3+2j\omega} \bigg|_{w=2}$ 이므로

$G(j\omega) = \dfrac{20}{3+2j\omega} \bigg|_{w=2} = \dfrac{20}{\sqrt{3^2 + 4^2}} = 4$

**정답** **01** ① **02** ④

**03** 벡터 궤적이 그림과 같이 표시되는 요소는?

① 비례요소 　　　② 1차 지연요소

③ 2차 지연요소 　　④ 부동작 시간요소

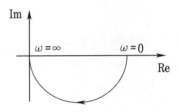

해설 Chapter － 07 － **02** － (1)

1차 지연요소 전달함수 $G(s) = \dfrac{1}{1+j\omega T}$ 에서

$\omega$를 0 ~ ∞까지 변화시키면 중심 $\left(\dfrac{1}{2},\ 0\right)$, 반지름 $\dfrac{1}{2}$인 반원이 된다.

**04** 벡터 궤적이 그림과 같이 표시되는 요소는?

① 비례요소 　　　② 1차 지연요소

③ 부동작 시간요소 　④ 2차 지연요소

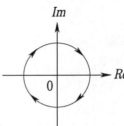

해설 Chapter － 07 － **02** － (2)

부동작 시간요소 전달함수 $G(s) = e^{-Ls} = 1 \angle G(j\omega) = -\omega L$

∴ $\omega$를 0 ~ ∞까지 변화시키면 원주상을 시계 방향으로 회전하는 크기가 1인 원이 된다.

**05** $G(s) = \dfrac{K}{(1+T_1 S)(1+T_2 S)(1+T_3 S)}$ 의 벡터 궤적은?

①

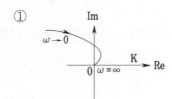

②

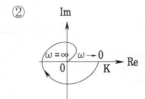

③

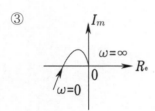

④

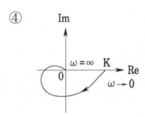

해설 Chapter − 07 − **02**

$$G(j\omega) = \frac{K}{(1+j\omega T_1)(1+j\omega T_2)(1+j\omega T_3)}$$

① $\omega \to 0$ (크기) $\lim_{\omega \to 0}|G(j\omega)| = \lim_{\omega=0}\left|\frac{K}{(1+j\omega T_1)(1+j\omega T_2)(1+j\omega T_3)}\right| = K$

(각도) $\lim_{\omega \to 0}\angle G(j\omega) = \lim_{\omega=0}\angle \frac{K}{(1+j\omega T_1)(1+j\omega T_2)(1+j\omega T_3)} = \angle K = 0°$

($\because K$ 는 상수)

② $\omega \to \infty$ (크기) $\lim_{\omega \to \infty}|G(j\omega)| = \lim_{\omega \to \infty}\left|\frac{K}{(j\omega)^3 T_1 T_2 T_3}\right| = 0$

(각도) $\lim_{\omega \to \infty}\angle G(j\omega) = \lim_{\omega \to \infty}\angle \frac{K}{(j\omega)^3 T_1 T_2 T_3} = -270°$

**06** $G(s) = \dfrac{K}{S(1+TS)}$ 의 벡터 궤적은?

①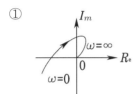

②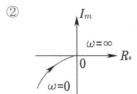

③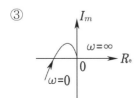

④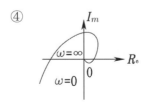

해설 Chapter − 07 − **02**

$$G(j\omega) = \frac{K}{j\omega(1+j\omega T)}$$

① $\omega \to 0$ (크기) : $\lim_{\omega \to 0}|G(j\omega)| = \lim_{\omega \to 0}\left|\frac{K}{j\omega}\right| = \infty$

(각도) : $\lim_{\omega \to 0}\angle G(j\omega) = \lim_{\omega \to 0}\angle \frac{K}{j\omega} = -90°$

② $\omega \to \infty$ (크기) : $\lim_{\omega \to \infty}|G(j\omega)| = \lim_{\omega \to \infty}\left|\frac{K}{(j\omega)^2 T}\right| = 0$

(각도) : $\lim_{\omega \to \infty}\angle G(j\omega) = \lim_{\omega \to \infty}\angle \frac{K}{(j\omega)^2 \cdot T} = -180°$

정답 **06** ②

**07** $G(jw) = j0.1w$에서 $w = 0.01$[rad/s]일 때 계의 이득[dB]은?

① −100          ② −80

③ −60          ④ −40

**해설** Chapter − 07 − **03** − (1)

$g = 20\log |\,G(j\omega)\,| = 20\log |\,0.001j\,|$

$= 20\log \left|\,\dfrac{1}{1,000}j\,\right|$

$= 20\log 10^{-3} = -3 \times 20 = -60[\text{dB}]$

**08** $G(s) = 20s$에서 $w = 5$[rad/s]일 때 계의 이득[dB]은?

① 60          ② 40

③ 30          ④ 20

**해설** Chapter − 07 − **03** − (1)

$g = 20\log |G(j\omega)| = 20\log |j\omega \cdot 20| \quad (\omega = 5 \text{ 대입})$

$= 20\log |j100| = 20\log 10^2 = 2 \times 20 = 40[\text{dB}]$

**09** $G(jw) = 5jw$에서 $w = 0.02$일 때 이득[dB]은 얼마인가?

① 20          ② 10

③ −20          ④ −10

**해설** Chapter − 07 − **03** − (1)

$g = 20\log |\,G(j\omega)\,| = 20\log(5 \times 0.02) = 20\log 0.1 = -20[\text{dB}]$

**10** 주파수 전달함수 $G(jw) = \dfrac{1}{j100w}$ 인 계에서 $w = 0.1$[rad/s]일 때의 이득[dB]과 위상각은?

① 40, $-90°$          ② 20, $-90°$

③ −40, $-90°$          ④ −20, $-90°$

**정답** 07 ③   08 ②   09 ③   10 ④

해설 Chapter $-$ 07 $-$ 03 $-$ (1)

$$g = 20\log \mid G(j\omega) \mid = 20\log \left| \frac{1}{j100\,\omega} \right|$$

$$= 20\log \left| \frac{1}{j\omega} \right| = 20\log \frac{1}{10} = -20[\text{dB}]$$

$$\theta = \angle\, G(j\omega) = \angle\, \frac{1}{j100\,\omega} = \angle\, \frac{1}{j10} = -90°$$

**11** $G(s) = \dfrac{1}{1+ST}$ 에서 $wT = 10$일 때 $|G(jw)|$의 값[dB]은?

① 10 　　　　　② 20 　　　　　③ $-10$ 　　　　　④ $-20$

해설 Chapter $-$ 07 $-$ 03 $-$ (1)

$$g = 20\log|G(j\omega)| = 20\log \left| \frac{1}{1+j\omega T} \right|$$

($\omega T = 10$ 　 $\therefore$ $\omega T \gg 1$이므로 '1'은 무시한다.)

$$= 20\log \left| \frac{1}{j\omega T} \right| = 20\log \frac{1}{10} = 20\log 10^{-1} = -1 \times 20 = -20[\text{dB}]$$

**12** $G(s) = \dfrac{1}{0.1S(0.01S+1)}$ 에서 $w = 0.1[\text{rad/s}]$일 때 이득[dB]과 위상각은?

① $-40[\text{dB}]$, $-180°$ 　　　　　② $100[\text{dB}]$, $-90°$

③ $40[\text{dB}]$, $-90°$ 　　　　　④ $-100[\text{dB}]$, $-180°$

해설 Chapter $-$ 07 $-$ 03

$$G(jw) = \frac{1}{j0.01} \qquad |G(jw)| = \left| \frac{1}{j0.01} \right| = \frac{1}{10^{-2}} = 10^2$$

이득 $g = 20\log 10^2 = 40[\text{dB}]$

$$\theta = \angle\, G(jw) = \angle\, \frac{1}{j0.01} = \angle -90°$$

**13** $G(s) = \dfrac{1}{S(S+1)}$ 에서 $w = 10[\text{rad/s}]$일 때 주파수 전달함수의 이득[dB]은?

① $-10$ 　　　　　　　　② $-20$

③ $-30$ 　　　　　　　　④ $-40$

정답 ㅣ 11 ④ ㅣ 12 ③ ㅣ 13 ④

해설 Chapter − 07 − **03** − (1)

$g = 20\log|G(j\omega)| = 20\log\left|\dfrac{1}{j\omega(j\omega+1)}\right|$

($\omega = 10$  대입, $10 \gg 1$이므로 1은 무시한다.)

$\quad = 20\log\left|\dfrac{1}{j10 \cdot j10}\right| = 20\log 10^{-2} = -2 \times 20 = -40\,[\text{dB}]$

**14**  $G(s) = e^{-Ls}$에서 $w = 100[\text{rad/s}]$일 때 이득[dB]은?

① 0                           ② 20

③ 30                         ④ 40

해설 Chapter − 07 − **03**

$G(s) = e^{-Ls} = e^{-j\omega L}$

$\therefore |G(s)| = 1$

$g = 20\log 1 = 20\log 10^{0} = 0 \times 20 = 0$

**15**  $G(s) = S$의 보드선도는?

① +20[dB/dec]의 경사를 가지며 위상각은? $90^\circ$

② −20[dB/dec]의 경사를 가지며 위상각은? $-90^\circ$

③ +40[dB/dec]의 경사를 가지며 위상각은? $180^\circ$

④ −40[dB/dec]의 경사를 가지며 위상각은? $-180^\circ$

해설 Chapter − 07 − **03** − (1)

$g = 20\log|G(j\omega)| = 20\log|j\omega| = 20\log\omega$

$\omega = 0.1$일 때 $g = -20[\text{dB}]$

$\omega = 1$일 때 $g = 0[\text{dB}]$

$\omega = 10$일 때 $g = 20[\text{dB}]$

그러므로 20[dB/dec]의 경사를 가지며

$\theta = \angle G(j\omega) = \angle j\omega = 90^\circ$

정답 | **14** ①   **15** ①

**16** $G(jw) = K(jw)^3$의 보드선도는?

① 20[dB/dec]의 경사를 가지며 위상각은? 90˚

② 40[dB/dec]의 경사를 가지며 위상각은? $-90˚$

③ 60[dB/dec]의 경사를 가지며 위상각은? 180˚

④ 60[dB/dec]의 경사를 가지며 위상각은? 270˚

해설 Chapter $-$ 07 $-$ **03** $-$ (1)

위상각 $\theta$는 $j = 90˚$이므로 $j^3 = 3 \times 90˚ = 270˚$이다.

**17** $G(s) = K/s$인 적분요소의 보드선도에서 이득 곡선의 1 decade당 기울기[dB]는?

① +20[dB/dec]의 경사를 가지며 위상각은? 90˚

② −20[dB/dec]의 경사를 가지며 위상각은? $-90˚$

③ +40[dB/dec]의 경사를 가지며 위상각은? 180˚

④ −40[dB/dec]의 경사를 가지며 위상각은? $-180˚$

해설 Chapter $-$ 07 $-$ **03** $-$ (1)

위상각 $\theta$ 는 $\dfrac{1}{j} = -90˚$이다.

**18** $G(jw) = 4jw^2$의 계의 이득이 0[dB]이 되는 각 주파수는?

① 1  　　　　　　　　② 0.5

③ 4  　　　　　　　　④ 2

해설 Chapter $-$ 07 $-$ **03** $-$ (1)

$g = 20\log |G(j\omega)| = 0$

$\therefore G(j\omega) = 4\omega^2 = 1$

$\therefore \omega^2 = \dfrac{1}{4}$

$\omega = \dfrac{1}{2} = 0.5$

**19** 어떤 계통의 보드선도 중 이득 선도가 그림과 같은 때 이에 해당하는 계통의 전달함수는?

① $\dfrac{20}{5S+1}$　　② $\dfrac{10}{2S+1}$

③ $\dfrac{10}{5S+1}$　　④ $\dfrac{20}{2S+1}$

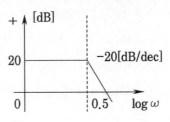

해설 Chapter − 07 − **04** − (6)

**20** $G(s) = \dfrac{10}{(S+1)(10S+1)}$ 의 보드(bode)선도의 이득곡선은?

① 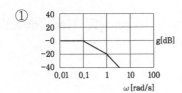　　②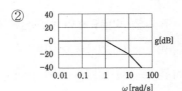

③ 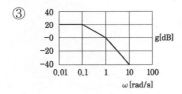　　④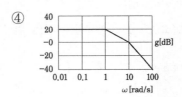

해설 Chapter − 07 − **04** − (6)

절점은 0.1, −1이며 처음 시작은 $\omega < 0.1$에서 $g = 20[\text{dB}]$이므로 ③번 이득곡선을 나타낸다.

**21** $G(s) = \dfrac{1}{1+5S}$ 일 때 절점에서 절점주파수 $w_0$를 구하면?

① 0.1[rad/s]　　② 0.5[rad/s]　　③ 0.2[rad/s]　　④ 5[rad/s]

해설 Chapter − 07 − **04** − (5)

$G(j\omega) = \dfrac{1}{1+j\omega 5}$　　$\therefore\ 1 = 5\omega$

$\omega = \dfrac{1}{5} = 0.2\,[\text{rad/s}]$

정답　**19** ②　**20** ③　**21** ③

**22** $G(jw) = \dfrac{1}{1+j10w}$ 로 주어지는 계의 절점주파수는 몇 [rad/sec]인가?

① 0.1          ② 1          ③ 10          ④ 11

**해설** Chapter − 07 − **04** − (5)

$G(j\omega) = \dfrac{1}{1+j10\omega}$    $\therefore 1 = 10\omega$

$\omega = \dfrac{1}{10} = 0.1$

**23** 폐루프 전달함수 $G(s) = \dfrac{1}{2S+1}$ 인 계의 대역폭(BW)은 몇 [rad]인가?

① 0.5          ② 1          ③ 1.5          ④ 2

**해설** Chapter − 07 − **04** − (5)

대역폭 $= \dfrac{1}{\sqrt{2}}$

$\therefore G(j\omega) = \dfrac{1}{\sqrt{(2\omega)^2 + 1^2}} = \dfrac{1}{\sqrt{2}}$      $\therefore (2\omega)^2 + 1 = 2$

$\therefore \omega = \dfrac{1}{2} = 0.5\,[\text{rad/s}]$

**24** 폐루프 전달함수 $G(s) = \dfrac{w_n^2}{S^2 + 2\delta w_n S + w_n^2}$ 인 2차계에 대해서 공진값 $M_p$ 는?

① $M_p = w_n\sqrt{1-2\delta^2}$          ② $M_p = \dfrac{1}{2\delta\sqrt{1-\delta^2}}$

③ $M_p = w_n\sqrt{1-\delta^2}$          ④ $M_p = \dfrac{1}{\sqrt{1-2\delta^2}}$

**해설** Chapter − 07 − **04** − (2)

$M_p = \dfrac{1}{2\delta\sqrt{1-\delta^2}}$

**정답**   **22** ①   **23** ①   **24** ②

**25** 2차 제어계에 있어서 공진정점 $M_p$가 너무 크면 제어계의 안정도는 어떻게 되는가?

① 불안정하게 된다. ② 안정하게 된다.

③ 불변이다. ④ 조건부 안정이 된다.

해설 Chapter − 07 − 04 − (2)

공진정점 $M_p$가 크면 오버슈트가 커진다. 즉, 불안정하게 된다.

**26** 분리도가 예리(sharp)해질수록 나타나는 현상은?

① 정상오차가 감소한다. ② 응답속도가 빨라진다.

③ $M_p$의 값이 감소한다. ④ 제어계가 불안정해진다.

해설 Chapter − 07 − 04 − (4)

분리도가 예리해질수록 공진정점($M_p$)값이 증가하며, 제어계는 불안정하다.

**27** 전향이득이 증가할수록 어떤 변화가 오는가?

① 오버슈트가 증가한다. ② 빨리 정상상태에 도달한다.

③ 오차가 증가한다. ④ 입상 시간이 늦어진다.

해설

전향이득이 증가하면 오버슈트가 증가한다.

**28** 제어시스템의 주파수 전달함수가 $G(j\omega) = j5\omega$이고, 주파수가 $\omega = 0.02$[rad/sec]일 때 이 제어시스템의 이득[dB]은?

① 20 ② 10

③ −10 ④ −20

해설 Chapter 07 − 03

이득

$20\log_{10}|G(j\omega)| = 20\log_{10}0.1 = -20[\text{dB}]$

$G(j\omega) = 5 \times 0.02 = 0.1$

정답 25 ① 26 ④ 27 ① 28 ④

# chapter

# 08

## 안정도

## 01 루드의 안정판별법

특성방정식이 다음과 같다고 하자.

$$F(s) = 1 + G(s)H(s) = a_0 s^4 + a_1 s^3 + a_2 s^2 + a_3 s^1 + a_4 s^0 = 0$$

**(1) 안정 필요조건** : 특성방정식은 모든 차수가 존재하여야 하며 부호의 변화가 없어야 한다.

**(2) 안정판별법**

① 제1단계 : 특성방정식의 계수를 다음과 같이 두 줄로 나열한다.

$$
\begin{array}{ccc}
a_0 & a_2 & a_4 \\
a_1 & a_3 & 0
\end{array}
$$

| | | | |
|---|---|---|---|
| $S^4$ | $a_0$ | $a_2$ | $a_4$ |
| $S^3$ | $a_1$ | $a_3$ | $0$ |
| $S^2$ | $\dfrac{a_1 a_2 - a_3 a_0}{a_1} = A$ | $\dfrac{a_1 a_4 - a_0 \times 0}{a_1} = a_4$ | $0$ |
| $S^1$ | $\dfrac{A a_3 - a_1 a_4}{A} = B$ | $0$ | $0$ |
| $S^0$ | $a_4$ | $0$ | $0$ |

② 제3단계 : 2단계에서 작성한 루드의 표에서 제1열의 원소부호를 조사한다. 이때 제1열의 원소의 부호가 변화가 없으면 안정하고, 만일 원소의 부호가 변화하면 변화하는 수만큼 불안정한 근의 수(s평면 우반평면에 존재하는 근의 수)를 갖는다.

**ex 1** $S^3 + 2S^2 + 3S + 1 = 0$

| | | | |
|---|---|---|---|
| $S^3$ | $1$ | $3$ | $1$ |
| $S^2$ | $2$ | $1$ | $2$ |
| $S^1$ | $\dfrac{6-1}{2}$ | | $\dfrac{5}{2}$ |
| $S^0$ | $1$ | | $1$ |

∴ 안정

**ex 2**   $6S^3 + 2S^2 + 2S + 2 = 0$

| | | | |
|---|---|---|---|
| $S^3$ | 6 | 2 | 6 |
| $S^2$ | 2 | 2 | 2 |
| $S^1$ | $\dfrac{4-12}{2}$ | | $-4$ |
| $S^0$ | 2 | | 2 |

$\therefore$ 불안정(2개의 우반구 근), 부호의 변화가 2번

**ex 3**   특성방정식 $S^3 - 4S^2 - 5S + 6 = 0$로 주어지는 계는 안정한가?
우방평면에 근을 몇 개 가지는가?

| | | | |
|---|---|---|---|
| $S^3$ | 1 | $-5$ | 1 |
| $S^2$ | $-4$ | 6 | $-4$ |
| $S^1$ | $\dfrac{20-6}{-4}$ | | $-\dfrac{14}{4}$ |
| $S^0$ | | | |

$\therefore$ 불안정, 우반평면에 2개

**ex 4**   특성방정식 $S^3 + 2S^2 + KS + 5 = 0$에서 안정하기 위한 $K$의 값은?

| | | | |
|---|---|---|---|
| $S^3$ | 1 | $K$ | 1 |
| $S^2$ | 2 | 5 | 2 |
| $S^1$ | $\dfrac{2K-5}{2}$ | | $\dfrac{2K-5}{2}$ |
| $S^0$ | 5 | | |

$\therefore \dfrac{2K-5}{2} > 0$

$2K - 5 > 0$

$K > \dfrac{5}{2}$

**ex 5** feedback 제어계에서 안정하기 위한 $K$의 범위는?

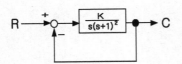

$$S(S+1)^2 + K = 0$$
$$S^3 + 2S^2 + S + K = 0$$

| $S^3$ | 1 | 1 |
|---|---|---|
| $S^2$ | 2 | K |
| $S^1$ | $\dfrac{2-K}{2}$ | |

$K > 0$

$\dfrac{2-K}{2} > 0 \qquad K < 2 \qquad\qquad \therefore 0 < K < 2$

**ex 6** $2S^4 + 4S^2 + 3S + 6 = 0$

| $S^4$ | 2 | 4 | 6 |
|---|---|---|---|
| $S^3$ | 0 | 3 | 0 |
| $S^2$ | $\dfrac{4e-6}{e}$ | | $\dfrac{6e-0}{e}$ |
| $S^1$ | $-3e^2 + 6e - 9$ | | |
| $S^0$ | 6 | | |

0 대신 $e$ 대입

$$\lim_{e \to 0} \frac{4e-6}{e} = -\infty$$

$$\lim_{e \to 0} \frac{-3e^2 + 6e - 9}{2e - 3} = 3$$

$\therefore 2 \quad 0 \quad -\infty \quad 3 \quad 6$

$\therefore$ 불안정

## 02 나이퀴스트의 안정판별

### (1) 이득여유와 위상여유

① 이득여유(gain margin) : $GM = 20\log\dfrac{1}{|GH|}\Big|_{w=0}$ [dB]

② 안정계에 요구되는 여유는 다음과 같다.
　　㉮ 이득여유 GM = 4 ~ 12[dB]
　　㉯ 위상여유 PM = 30 ~ 60°

### (2) 나이퀴스트선도의 안정판별

나이퀴스트의 벡터도가 부의 실수축과 교차하는 부분이 단위원 안에 있으면 안정하다.

# 출제예상문제

**01** 루드 – 후르비쯔 표를 작성할 때 제1열 요소의 부호변환은 무엇을 의미하는가?

① $S$ – 평면의 좌반면에 존재하는 근의 수
② $S$ – 평면의 우반면에 존재하는 근의 수
③ $S$ – 평면의 허수축에 존재하는 근의 수
④ $S$ – 평면의 원점에 존재하는 근의 수

해설 Chapter – 08 – **01** – (2)
제1열 요소의 부호변환은 $s$ – 평면의 우반면에 존재하는 근의 수를 말한다.

**02** 다음 안정도 판별법 중 $G(s)H(s)$의 극점과 영점이 우반평면에 있을 경우 판정이 불가능한 방법은?

① Routh – Hurwitz 판별법
② Bode선도
③ Nyquist 판별법
④ 근궤적법

해설
보드선도는 극점과 영점이 우반면에 존재하는 경우에는 판정이 불가능하다.

**03** 다음 안정도 판별법 중 루프 전달함수의 극점과 영점이 s평면의 우반에 있을 경우 판정할 수 없는 방법은?

① 보드선도 판별법
② 근궤적법
③ 고유값 분별법
④ 나이퀴스트 판별법

해설
보드선도는 극점과 영점이 우반평면에 존재하는 경우 판정이 불가능하다.

**04** 특성방정식의 근이 모두 s복소평면의 좌반부에 있으면 이 계는 어떠한가?

① 안정
② 중안정
③ 조건부 안정
④ 불안정

해설
전달함수의 극점과 영점이 s평면 우반면에 있으면 불안정, 좌반면에 있으면 안정하다.

**정답** 01 ② 02 ② 03 ① 04 ①

**05** 어떤 제어계의 특성방정식이 $S^2 + aS + b = 0$일 때 안정조건은?

① $a = 0,\ b < 0$

② $a < 0,\ b < 0$

③ $a > 0,\ b < 0$

④ $a > 0,\ b > 0$

**해설** Chapter − 08 − **01** − (1)

부호의 변화가 없어야 한다. $S^2$이 +이므로 $a,\ b > 0$이다.

**06** 다음 특성방정식 중 안정될 필요조건을 갖춘 것은?

① $S^4 + 3S^2 + 10S + 10 = 0$

② $S^3 - S^2 - 5S + 10 = 0$

③ $S^3 + S^2 + 4S - 1 = 0$

④ $S^3 + 9S^2 + 20S + 12 = 0$

**해설** Chapter − 08 − **01** − (1)

차수가 모두 존재하고 부호의 변화가 없어야 한다.

**07** 특성방정식이 $S^4 + 2S^3 + 5S^2 + 4S + 2 = 0$로 주어졌을 때 이것을 후르비쯔(Hurwitz)의 안정조건으로 판별하면 이 계는?

① 안정  ② 불안정

③ 조건부 안정  ④ 임계상태

**해설**

특성방정식 $F(s) = a_0 S^4 + a_1 S^3 + a_2 S^2 + a_3 S^1 + a_4 = 0$에서

$a_0 = 1,\ a_1 = 2,\ a_2 = 5,\ a_3 = 4,\ a_4 = 2$이므로

$D_1 = a_1 = 2$

$D_2 = \begin{vmatrix} a_1 & a_3 \\ a_0 & a_2 \end{vmatrix} = \begin{vmatrix} 2 & 4 \\ 1 & 5 \end{vmatrix} = 6$

$D_3 = \begin{vmatrix} a_1 & a_3 & a_5 \\ a_0 & a_2 & a_4 \\ 0 & a_1 & a_3 \end{vmatrix} = \begin{vmatrix} 2 & 4 & 0 \\ 1 & 5 & 2 \\ 0 & 2 & 4 \end{vmatrix} = 16$

$\therefore\ D_1,\ D_2,\ D_3 > 0$이므로 안정하다.

**정답** **05** ④  **06** ④  **07** ①

**08** 특성방정식 $S^3 - 4S^2 - 5S + 6 = 0$으로 주어지는 계는 안정한가? 또 불안정한가? 또 우반평면에 근을 몇 개 가지는가?

① 안정하다, 0개

② 불안정하다, 1개

③ 불안정하다, 2개

④ 임계상태이다, 0개

**해설** Chapter – 08 – **01** – (2)

루드 – 후르비쯔 표

$$
\begin{array}{c|cc}
S^3 & 1 & -5 \\
S^2 & -4 & 6 \\
S^1 & \dfrac{20-6}{-4} & 0 \\
S^0 & 6 &
\end{array}
$$

∴ 1열 부호변환이 두 번 있으므로 불안정하며 우반평면에 근 2개를 가지고 있다.

**09** 제어계의 종합전달함수 $G(s) = \dfrac{S}{(S-3)(S^2+4)}$ 에서 안정성을 판정하면 어느 것인가?

① 안정하다.

② 불안정하다.

③ 알 수 없다.

④ 임계상태이다.

**해설**

특성방정식 $s^3 - 3s^2 + 4s - 12 = 0$

후르비쯔 판별법에서

$$D_1 = \begin{vmatrix} a_1 & a_3 \\ a_0 & a_2 \end{vmatrix} = \begin{vmatrix} -3 & -12 \\ 1 & 4 \end{vmatrix} = -12 - (-12) = 0$$

$D_1 = a_1 = -3 < 0$

$D_2 = 0$이므로 제어계는 불안정하다.

**10** 안정된 제어계의 특성근이 2개의 공액 복소근을 가질 때 이근들이 허수축 가까이에 있는 경우 허수축에서 멀리 떨어져 있는 안정된 근에 비해 과도응답 영향은 어떻게 되는가?

① 천천히 사라진다.

② 영향이 같다.

③ 빨리 사라진다.

④ 영향이 없다.

**11** 특성방정식 $S^4 + 7S^3 + 17S^2 + 17S + 6 = 0$의 특성근 중에는 양의 실수부를 갖는 근이 몇 개 있는가?

① 1
② 2
③ 3
④ 없다.

해설 Chapter − 08 − **01** − (2)
제1열의 부호변환이 없으므로 모두 음의 반평면(좌반부)에 존재한다.

$$
\begin{array}{c|ccc}
S^4 & 1 & 17 & 6 \\
S^3 & 7 & 17 & 0 \\
S^2 & \dfrac{17 \times 7 - 17}{7} = 14.57 & \dfrac{6 \times 7 - 0}{7} = \dfrac{42}{7} = 6 & \\
S^1 & \dfrac{17 \times 14.57 - 7 \times 6}{14.57} = 14.12 & & \\
S^0 & 6 & &
\end{array}
$$

**12** 특성방정식 $S^3 + 2S^2 + KS + 10 = 0$으로 주어지는 제어계가 안정하기 위한 $K$의 값은?

① $K > 0$
② $K > 5$
③ $K < 0$
④ $0 < K < 5$

해설 Chapter − 08 − **01** − (2)
루드의 표를 작성하면

$$
\begin{array}{c|cc}
S^3 & 1 & K \\
S^2 & 2 & 10 \\
S^1 & (2K - 10)/2 & 0 \\
S^0 & 10 &
\end{array}
$$

와 같으며, 제1열의 부호가 변화하지 않아야 안정한 시스템이므로 $2K - 10 > 0$
∴ $K > 5$

**13** $S^4 + 6S^3 + 11S^2 + 6S + k = 0$인 특성방정식을 갖는 제어계가 안정하기 위한 조건은?

① $11 < k < 36$
② $10 < k < 20$
③ $6 < k < 11$
④ $0 < k < 10$

정답 **11** ④ **12** ② **13** ④

해설 Chapter – 08 – **01** – (2)

루드 – 후르비쯔 표

$$
\begin{array}{c|ccc}
S^4 & 1 & 11 & K \\
S^3 & 6 & 6 & 0 \\
S^2 & \dfrac{66-6}{6}=10 & K & \\
S^1 & \dfrac{60-6K}{10} & & \\
S^0 & K & &
\end{array}
$$

제1열의 부호가 변화하지 않아야 안정하므로

$\therefore K > 0$ 이고,

$60-6K > 0$

$6K < 60$

$K < 10 \quad \therefore 0 < K < 10$

**14** 다음 그림과 같은 제어계가 안정하기 위한 $K$의 범위는?

① $K > 0$　　　　② $K < 6$
③ $6 > K > 0$　　④ $8 > K > 0$

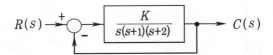

해설 Chapter – 08 – **01** – (2)

특성방정식

$1+G(s)H(s) = S(S+1)(S+2)+K = S^3+3S^2+2S+K = 0$

이므로

$$
\begin{array}{c|cc}
S^3 & 1 & 2 \\
S^2 & 3 & K \\
S^1 & \dfrac{6-K}{3} & 0 \\
S^0 & K &
\end{array}
$$

제1열의 부호변화가 없어야 안정하므로 $\ 6-K > 0, 6 > K$

$K > 0 \qquad \therefore 0 < K < 6$

**15** 다음과 같은 단위 궤환제어계가 안정하기 위한 $K$의 범위를 구하면?

① $K > 0$　　　　② $K > 1$
③ $0 < K < 1$　　④ $0 < K < 2$

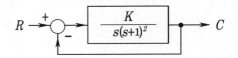

정답　**14** ③　**15** ④

해설 Chapter − 08 − **01** − (2)

특성방정식 $S(S+1)^2 + K = S^3 + 2S^2 + S + K = 0$

루드 − 후르비쯔표

| $S^3$ | 1 | 1 | |
|---|---|---|---|
| $S^2$ | 2 | $K$ | 1열의 부호변환이 없어야 하므로 |
| $S^1$ | $\dfrac{2-K}{2}$ | | $\therefore \dfrac{2-K}{2} > 0$ |
| $S^0$ | $K$ | $K > 0$ | $\therefore 0 < K < 2$ |

**16** 특성방정식이 다음과 같이 주어질 때 불안정한 근의 수는?

$$S^4 + S^3 - 3S^2 - S + 2 = 0$$

① 0      ② 1      ③ 2      ④ 3

해설

불안정한 근 2개

**17** 피드백 제어계의 전 주파수 응답 $G(jw)H(jw)$의 나이퀴스트 벡터도에서 시스템이 안정한 궤적은?

① a
② b
③ c
④ d

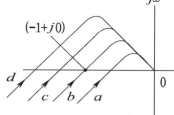

해설 Chapter − 08 − **02** − (2)

나이퀴스트선도에서 시스템이 안정하기 위한 궤적은 $(-1, j0)$점이 나이퀴스트 벡터도 왼쪽에 있어야 한다.

## 18 Nyquist 판정법의 설명으로 틀린 것은?

① Nyquist 선도는 제어계의 오차응답에 관한 정보를 준다.

② 계의 안정을 개선하는 방법에 대한 정보를 제시해 준다.

③ 안정성을 판정하는 동시에 안정도를 제시해 준다.

④ Routh-Hurwitz 판정법과 같이 계의 안정 여부를 직접 판정해 준다.

해설
나이퀴스트선도는 제어계의 주파수 응답에 관한 정보를 준다.

## 19 Nyquist 경로에 포위되는 영역에 특성방정식의 근이 존재하지 않으면 제어계는 어떻게 되는가?

① 안정                          ② 불안정
③ 진동                          ④ 발산

해설 Chapter − 08 − 02 − (2)
나이퀴스트선도에서 시스템이 안정하기 위한 궤적은 (−1, j0)점을 포위하지 않고 회전하여야 한다.

## 20 $GH(jw) = \dfrac{20}{(jw+1)(jw+2)}$ 의 이득여유[dB]를 구하면?

① −20[dB]                       ② 10[dB]
③ −10[dB]                       ④ 20[dB]

해설
$|GH(jw)| = \dfrac{20}{2} = 10$

이득 $g = 20\log\dfrac{1}{|GH(jw)|} = 20\log\dfrac{1}{10} = -20[\text{dB}]$

정답  18 ①  19 ①  20 ①

**21** $G(s)H(s)$가 다음과 같이 주어지는 계가 있다. 이득여유가 $40[\text{dB}]$이면 이때 $K$의 값은?

$$G(s)H(s) = \frac{K}{(S+1)(S-2)}$$

① $\dfrac{1}{20}$

② $\dfrac{1}{30}$

③ $\dfrac{1}{40}$

④ $\dfrac{1}{50}$

**해설**

$|GH(jw)| = \dfrac{K}{2}$

이득 $g = 20\log\dfrac{1}{|GH(jw)|} = 20\log\dfrac{2}{K}$

이득여유가 $40[\text{dB}]$이 되려면

$\dfrac{2}{K} = 100$

$K = \dfrac{2}{100} = \dfrac{1}{50}$

**22** $GH(jw) = \dfrac{10}{(jw+1)(jw+T)}$ 에서 이득여유를 $20[\text{dB}]$보다 크게 하기 위한 $T$의 범위는?

① $T > 1$

② $T > 10$

③ $T < 0$

④ $T > 100$

**23** 제어계의 공진주파수, 주파수 대역폭, 이득여유 주파수, 위상여유 주파수 등은 계통의 무슨 평가척도가 되는가?

① 안정도

② 속응성

③ 이득여유

④ 위상여유

**해설**

문제의 열거 내용은 안정도의 척도가 된다.

**정답** 21 ④  22 ④  23 ①

**24** 보상기에서 원래 시스템에 극점을 첨가하면 일어나는 현상은?

① 시스템의 안정도가 감소된다.
② 시스템의 과도응답시간이 짧아진다.
③ 근궤적을 S-평면의 원칙으로 옮겨준다.
④ 안정도와는 무관하다.

해설
극점을 첨가하면 시스템의 안정도가 감소한다.

**25** 어떤 제어계의 보드선도에 있어서 위상여유가 $45°$일 때 이 계통은?

① 안정하다.
② 불안정하다.
③ 조건부 안정이다.
④ 무조건 불안정이다.

해설 Chapter - 08 - 02 - (1)
제어계의 여유 : ① 이득여유 4 ∼ 12[dB]
　　　　　　　　② 위상여유 30 ∼ 60°일 때 안정하다.

**26** 보드선도에서 이득여유는 어떻게 구하는가?

① 크기선도에서 0 ∼ 20[dB] 사이에 있는 크기선도의 길이이다.
② 위상선도가 $0°$축과 교차되는 점에 대응되는 [dB]값의 크기이다.
③ 위상선도가 $-180°$k축과 교차하는 점에 대응되는 이득의 크기[dB]값이다.
④ 크기선도에서 $-20 ∼ 20$[dB] 사이에 있는 크기[dB]값이다.

해설
이득여유 : 위상선도가 $-180°$ 선을 끊는 점의 이득의 부호를 바꾼 [dB]값이다.

정답　24 ①　25 ①　26 ③

**27** 보드선도의 안정판정에 대한 설명 중 옳은 것은?

① 위상곡선이 $-180°$ 점에서 이득이 양이다.
② 이득(0[dB])축과 위상($-180°$)축을 일치시킬 때 위상곡선이 위에 있다.
③ 이득곡선의 0[dB] 점에서 위상차가 $180°$ 보다 크다.
④ 이득여유는 음의 값, 위상여유는 양의 값이다.

해설

보드선도 안정판정 : 위상선도가 $-180°$ 축과 교차하는 경우 위상여유가 '0'보다 크면 안정, '0'보다 작으면 불안정하다.

**28** 보드선도에서 이득곡선이 0[dB]인 점을 지날 때의 주파수에서 양의 위상여유가 생기고 위상곡선이 $-180°$ 을 지날 때 양의 이득여유가 생긴다면 이 폐루프 시스템의 안정도는 어떻게 되겠는가?

① 항상 안정
② 항상 불안정
③ 안전성 여뷰를 판가름 할 수 없다.
④ 조건부 안정

해설

보드선도 안정판정 : 위상선도가 $-180°$ 축과 교차하는 경우 위상여유가 '0'보다 크면 안정, '0'보다 작으면 불안정하다.

**29** 계의 특성상 감쇠계수가 크면 위상여유가 크고 감쇠성이 강하여 (A)는 좋으나 (B)는 나쁘다. A, B를 올바르게 묶은 것은?

① 이득여유, 안정도
② 오프셋, 안정도
③ 응답성, 이득여유
④ 안정도, 응답성

해설

감쇠계수($\delta$)가 크면 안정도가 향상되나 응답성(속응성)은 저하된다.

정답　**27** ②　**28** ①　**29** ④

**30** Routh–Hurwitz 안정도 판별법을 이용하여 특성방정식이 $s^3 + 3s^2 + 3s + 1 + K = 0$으로 주어진 제어시스템이 안정하기 위한 $K$의 범위를 구하면?

① $-1 \leq K < 8$

② $-1 < K \leq 8$

③ $-1 < K < 8$

④ $K < -1$ 또는 $K > 8$

**해설** Chapter 08 − **01**

루드의 안정도 판별법

$$
\begin{array}{c|ccc}
s^3 & 1 & 3 & 0 \\
s^2 & 3 & 1+K & 0 \\
s^1 & \dfrac{8-K}{3} = a & 0 \\
s^0 & \dfrac{a(1+K)}{a} &
\end{array}
$$

따라서 $a = \dfrac{8-K}{3} > 0$

$1 + K > 0$

$K > -1, \ K < 8$이 되어야 한다.

**31** 단위 궤환제어계의 개루프 전달함수가 $G(s) = \dfrac{K}{s(s+2)}$ 일 때, $K$가 $-\infty$ 로부터 $+\infty$ 까지 변하는 경우 특성방정식의 근에 대한 설명으로 틀린 것은?

① $-\infty < K < 0$에 대하여 근은 모두 실근이다.

② $0 < K < 1$에 대하여 2개의 근은 모두 음의 실근이다.

③ $K = 0$에 대하여 $s_1 = 0$, $s_2 = -2$의 근은 $G(s)$의 극점과 일치한다.

④ $1 < K < \infty$에 대하여 2개의 근은 음의 실수부 중근이다.

**해설**

개루프 전달함수의 특성방정식

$= s(s+2) + K = 0$

$= s^2 + 2s + K = 0$

$s = \dfrac{-b \pm \sqrt{b^2 - 4ac}}{2a}$

$= -1 \pm \sqrt{1-K}$가 된다.

$K$가 1보다 크면 복소근을 갖게 된다.

# chapter

# 09

---

# 근궤적

# 09 CHAPTER 근궤적

## 01 근궤적의 작도법

개루프 전달함수 $G(s)H(s)$의 극점, 영점과 특성방정식의 근 사이의 관계로부터 근궤적을 그리는 방법은 다음과 같다.

**(1) 근궤적의 출발점** : $G(s)H(s)$의 극점

**(2) 근궤적의 종착점** : $G(s)H(s)$의 영점

**(3) 근궤적의 개수 $N$**

$z$ : $G(s)H(s)$의 유한 영점의 개수

$p$ : $G(s)H(s)$의 유한 극점의 개수라 하면

$z > p$이면 $N = z$로, $p > z$이면 $N = p$로 정한다.
또는 개루프 전달함수의 특성방정식의 최고차 차수와 같다.

**(4) 근궤적의 대칭성**

특성방정식의 근이 실근 또는 공액 복소근을 가지므로 근궤적은 실수축에 대하여 대칭이다.

**(5) 근궤적의 점근선의 각도 $\alpha_k$**

$$\alpha_k = \frac{(2K+1)\pi}{p-z} \ (단, \ K = p - z \ 전까지의 \ 양의 \ 정수)$$

**(6) 점근선의 교차점**

① 점근선은 실수축상에서만 교차하고 그 수는 $n = P - z$이다.

② 실수축상에서의 점근선의 교차점 $\sigma$

$$\sigma = \frac{\sum G(s)H(s)의 \ 극점 - \sum G(s)H(s)의 \ 영점}{p - z}$$

**(7) 실수축상의 근궤적 존재범위**

$G(s)H(s)$의 실극점과 실영점의 총수가 짝수개이면, $-\infty$에서 오른쪽으로 진행 시 짝수번째 실극점 또는 실영점을 만나는 부분의 구간에 근궤적이 존재하고 홀수번째이면 존재하지 않는다.

**ex 1** $G(s)H(s) = \dfrac{K}{S(S+4)(S+5)}$

　－ 극점 0, $-4$, $-5$

　－ 영점, x

① 근의 궤적 영역

　　$0 \sim -4$, $-5 \sim -\infty$

② 실수축과의 교차점

$$\sigma = \frac{\text{극점의 총합} - \text{영점의 총합}}{p - z} (p : \text{극점의 수}, \; z : \text{영점의 수})$$

$$= \frac{(-4-5)-0}{3-0} = -3$$

③ 점근선 각도 $\alpha_k = \dfrac{(2K+1)\pi}{P-Z}$　　　$K=0$　　　$\dfrac{\pi}{3} = 60°$

　　　　　　　　　　　　　　　　　　　$K=1$　　　$\dfrac{3\pi}{3} = 180°$

　　　　　　　　　　　　　　　　　　　$K=2$　　　$\dfrac{5\pi}{3} = 300°$

④ 점근선

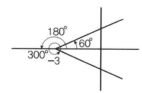

⑤ 이탈점, 분지점(Break away)

　　$1 + G(s)H(s) = 0$ 상태에서 $\dfrac{dK}{dS} = 0$

**ex 2** $G(s)H(s) = \dfrac{K}{S(S+1)}$　　　　극점 : 0, $-1$　　영점 : x

① 근의 궤적영역

홀수구간만 존재

② 실수축과의 교차점

$$\sigma = \frac{-1-0}{2-0} = -\frac{1}{2}$$

③ 점근선 각도

$$\alpha_k = \frac{(2K+1)\pi}{P-Z}$$

$K=0 \qquad \dfrac{\pi}{2-0} = 90\,°$

$K=1 \qquad \dfrac{3\pi}{2-0} = 270\,°$

④ 점근선

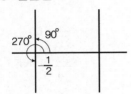

⑤ 이탈점

$1+G(s)H(s) = 0$ 에서 $\dfrac{dK}{dS} = 0$

$1+\dfrac{K}{S(S+1)} = 0$

$\dfrac{S(S+1)+K}{S(S+1)} = 0$

$S(S+1)+K = 0$

$K = (S^2+S)$

$\dfrac{dK}{dS} = 0 \qquad\qquad \dfrac{d}{dS}(S^2+S)$

$\qquad\qquad 2S+1 = 0 \qquad 2S = -1 \qquad S = -\dfrac{1}{2}$

$\therefore$ 영역 $-1\sim 0$ 사이에 있기 때문에 답은 $S = -\dfrac{1}{2}$ 이 될 수 있음

**01** 근궤적은 개루프 전달함수의 어떤 점에서 출발하여 어떤 점에서 끝나는가?

① 영점에서 출발, 극점에서 끝난다.
② 영점에서 출발, 영점에서 되돌아와 끝난다.
③ 극점에서 출발, 영점에서 끝난다.
④ 극점에서 출발, 극점에서 되돌아와 끝난다.

**해설** Chapter − 09 − **01**, **02**
근궤적의 출발점(극점), 종착점(영점)으로 이루어졌다.

**02** $G(s)H(s) = \dfrac{k}{S^2(S+1)^2}$ 에서 근궤적의 수는?

① 4  ② 2
③ 1  ④ 0

**해설** Chapter − 09 − **03**
$P$(극점의 수) = 4 , $Z$(영점의 수) = 0
∴ $Z < P$이고 $N = P$이므로 $N = 4$이다.

**03** 어떤 제어시스템의 $G(s)H(s)$가 $\dfrac{K(S+3)}{S^2(S+2)(S+4)(S+5)}$ 에서 근궤적의 수는?

① 1  ② 3
③ 5  ④ 7

**해설** Chapter − 09 − **03**
근궤적의 수($N$)는 극점의 수($P$)와 영점수($Z$)에서 $Z < P$이고 $N = P$이므로
∴ $N = 5$

**04** 근궤적은 무엇에 대하여 대칭인가?

① 원점  ② 허수축
③ 실수축  ④ 대칭성이 없다.

**해설** Chapter − 09 − **04**
특성방정식의 근이 실근 또는 공액 복소근을 가지므로 근궤적은 실수축에 대하여 대칭이다.

**정답** | 01 ③  02 ①  03 ③  04 ③

**05** 근궤적 s평면의 $jw$축과 교차할 때 폐루프의 제어계는?

① 안정하다.　　　　　　　　② 불안정하다.
③ 임계상태이다.　　　　　　④ 알 수 없다.

해설 Chapter – 09 – **04**
근궤적이 $jw$축과 교차할 때는 특성근의 실수부가 '0'일 때와 같고 그 상태는 임계안정상태이다.

**06** 개루프 전달함수 $G(s)H(s)$가 다음과 같은 계의 실수축상의 근궤적은 어느 범위인가?

$$G(s)H(s) = \frac{K}{S(S+4)(S+5)}$$

① 0과 −4 사이의 실수축상　　　② −4과 −5 사이의 실수축상
③ −5과 −8 사이의 실수축상　　　④ 0과 −4, −5와 −∞ 사이의 실수축상

해설 Chapter – 09 – **07**
근의 궤적영역
0 ~ −4, −5 ~ −∞ 사이의 실수축상에 존재한다.

**07** 개루프 전달함수 $G(s)H(s)$가 다음과 같은 계의 실수축상의 근궤적은 범위가 어떻게 되는가?

$$G(s)H(s) = \frac{K(S+1)}{S(S+2)}$$

① 원점과 (−2) 사이
② 원점과 점(−1) 사이와 (−2)에서 (− ∞) 사이
③ (−2)와 (− ∞) 사이
④ 원점과 (+2) 사이

해설 Chapter – 09 – **07**

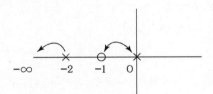

**08** 근궤적의 점근선과 실수축과의 교차점은?

① $\sigma = \dfrac{\sum G(s)H(s)의\ 극 + \sum G(s)H(s)의\ 영점}{p-z}$

② $\sigma = \dfrac{\sum G(s)H(s)의\ 극 - \sum G(s)H(s)의\ 영점}{p-z}$

③ $\sigma = \dfrac{\sum G(s)H(s)의\ 극 + \sum G(s)H(s)의\ 영점}{p+z}$

④ $\sigma = \dfrac{\sum G(s)H(s)의\ 극 - \sum G(s)H(s)의\ 영점}{p+z}$

해설 Chapter - 09 - **06**


**09** 개루프 전달함수 $G(s)H(s)$가 다음과 같이 주어지는 부궤환에서 근궤적 점근의 실수축과 교차점은?

$$G(s)H(s) = \frac{K}{S(S+4)(S+5)}$$

① −3          ② −2          ③ −1          ④ 0

해설 Chapter - 09 - **06**

$\dfrac{\sum P - \sum Z}{P - Z}$  ($P$ : 극점의 수, $Z$ : 영점의 수)

$= \dfrac{(-4-5)-(0)}{3-0} = -3$


**10** 근궤적을 그리려 한다. $G(s)H(s) = \dfrac{K(S-2)(S-3)}{S^2(S+1)(S+2)(S+4)}$ 에서 점근선의 교차점은 얼마인가?

① −6          ② −4          ③ 6          ④ 4

해설 Chapter - 09 - **06**

$p = 0,\ -1,\ -2,\ -4(5개),\ z = 2,\ 3(2개)$

$\sigma = \dfrac{\sum 극점 - \sum 영점}{p-z} = \dfrac{(-4-2-1)-(2+3)}{5-2} = \dfrac{-12}{3} = -4$

정답  **08** ②  **09** ①  **10** ②

**11** $G(s)H(s) = \dfrac{K(S+5)}{S(S+2)(S+3)}$ 에서 근궤적의 점근선이 실수축과 이루는 각은?

① 90˚, 180˚

② 180˚, 270˚

③ 90˚, 270˚

④ 0˚, 300˚

**12** 근궤적에 관하여 다음 중 옳지 않은 것은?

① 근궤적이 허수축을 끊은 $K$의 값은 일정하지 않다.

② 점근선이 실수축에서만 교차한다.

③ 근궤적은 실수축에 관하여 대칭이다.

④ 근궤적의 개수는 극 또는 영점의 수와 같다.

**13** 근궤적의 성질 중 옳지 않은 것은?

① 근궤적은 실수축에 관해 대칭이다.

② 근궤적은 개루프 전달함수의 극으로부터 출발한다.

③ 근궤적의 가지수는 특성방정식의 차수와 같다.

④ 점근선은 실수축과 허수축상에서 교차한다.

해설 Chapter – 09 – **04**, **06**

근궤적의 점근선은 실수축에서만 교차한다.

**14** 어떤 제어시스템의 개루프 이득 $G(s)H(s) = \dfrac{K(s+2)}{s(s+1)(s+3)(s+4)}$ 일 때 이 시스템이

가지는 근궤적의 가지(branch) 수는?

① 1

② 3

③ 4

④ 5

해설 Chapter 09 – **03**

근궤적의 가지 수

다항식 최고차항의 차수가 $s^4$ 즉, 4차항으로 가지 수는 4개가 된다.

**정답** 11 ③ 12 ④ 13 ④ 14 ③

**15** 개루프 전달함수가 $G(s)H(s) = \dfrac{K}{S(S+1)(S+3)(S+4)}$, $K > 0$일 때 근궤적에 관한 설명 중 맞지 않는 것은?

① 근궤적의 가지수는 4이다.

② 점근선의 각도는 $\pm 45°$, $\pm 135°$이다.

③ 이탈점은 $-0.424$, $-2$이다.

④ 근궤적이 허수축과 만날 때 $K = 26$이다.

**해설** Chapter − 09 − **07**

이탈점은 $-0.42$ 또는 $-3.5$가 된다.

**16** 개루프 전달함수가 다음과 같을 때 이 계의 이탈점(break away)은?

$$G(s) \cdot H(s) = \frac{K(S+4)}{S(S+2)}$$

① $S = -1.172$          ② $S = -6.828$

③ $S = -1.172, -6.828$     ④ $S = 0, -2$

**해설** Chapter − 03 − **07**

이 계의 특성방정식은 $G(s)\,H(s) = \dfrac{K(S+4)}{S(S+2)}$ 이므로

$1 + G(s)\,H(s) = \dfrac{S(S+2) + K(S+4)}{S(S+2)} = 0$

또는

$S(S+2) + K(S+4) = 0$ ······ ①

①을 고쳐쓰면

   $K = -\dfrac{S(S+2)}{S+4}$ ···· ②

②를 $s$에 관하여 미분하면

   $\dfrac{dK}{ds} = \dfrac{-(2S+2)(S+4) + S(S+2)}{(S+4)^2} = 0$ ···· ③

③을 간단히 하면

   $S^2 + 8S + 8 = 0$ ···· ④

④를 풀면 $S_1 = -1.172$, $S_2 = -6.828$,

따라서 분지점은 $a = -1.172$, $b = -6.828$이다.

**17** 제어시스템의 개루프 전달함수가 $G(s)H(s) = \dfrac{K(s+30)}{s^4 + s^3 + 2s^2 + s + 7}$ 로 주어질 때, 다음

중 $K > 0$인 경우 근궤적의 점근선이 실수축과 이루는 각($^\circ$)은?

① $20^\circ$          ② $60^\circ$          ③ $90^\circ$          ④ $120^\circ$

**해설** Chapter 09 – **05**
점극선의 각도

$$\alpha_k = \frac{(2K+1)\pi}{P - Z} = \frac{(2k+1) \times 180^\circ}{4 - 1}$$

$k = 0$이라면 $\alpha_k = 60^\circ$
$P$는 극점의 수, $Z$는 영점의 수
극점의 수 $P = 4$
영점의 수 $Z = 1$

**18** 근궤적에 관한 설명으로 틀린 것은?

① 근궤적은 실수축에 대하여 상하 대칭으로 나타난다.
② 근궤적의 출발점은 극점이고 근궤적의 도착점은 영점이다.
③ 근궤적의 가지수는 극점의 수와 영점의 수 중에서 큰 수와 같다.
④ 근궤적이 s평면의 우반면에 위치하는 K의 범위는 시스템이 안정하기 위한 조건이다.

**해설** Chapter 09 – **01**
근궤적의 작도법
근궤적이 s평면의 우반면에 존재하면 K의 범위는 시스템이 불안정한 조건이 된다.
안정조건이 되려면 좌반면이 되어야 한다.

**19** 폐루프 전달함수 $\dfrac{G(s)}{1 + G(s)H(s)}$ 의 극의 위치를 개루프 전달함수 $G(s)H(s)$의 이득상수

$K$의 함수로 나타내는 기법은?

① 근궤적법        ② 보드선도법        ③ 이득선도법        ④ Nyguist판정법

**해설** Chapter 09 – **01**
근궤적법
폐루프 전달함수의 극의 위치를 개루프 전달함수의 이득상수 K의 함수로 나타내는 기법은 근궤적법이라고 한다.

**정답** 17 ②    18 ④    19 ①

# chapter

# 10

# 상태방정식

# 10 상태방정식

## 01 상태방정식

계통방정식이 $n$차 미분방정식일 때 이것을 n개의 1차 미분방정식으로 바꾸어서 행렬을 이동하여 표현한 것을 상태방정식이라 한다.

예 계통식 $\dfrac{d^2x}{dt^2} + 2\dfrac{dx}{dt} + 5x = r(t)$

상태변수 $x_1 = x,\ x_2 = \dot{x_1} = \dfrac{dx}{dt}$

$\dot{x_2} = \dfrac{d^2x}{dt^2} = -5x_1 - 2x_2 + r(t)$

$$\begin{bmatrix} \dot{x_1} \\ \dot{x_2} \end{bmatrix} = \begin{bmatrix} 0 & 1 \\ -5 & -2 \end{bmatrix}\begin{bmatrix} x_1 \\ x_2 \end{bmatrix} + \begin{bmatrix} 0 \\ 1 \end{bmatrix}r(t) = AX(t) + Br(t)$$

위의 행렬식에서 $A = \begin{bmatrix} 0 & 1 \\ -5 & -2 \end{bmatrix}$를 계수행렬이라 한다.

ex 1 $\dfrac{d^3C(t)}{dt^3} + 5\dfrac{d^2C(t)}{d^2} + \dfrac{dC(t)}{dt} + 2C(t) = r(t)$의 계수행렬 $A$는?

$x_1(t) = C(t)$

$x_2(t) = \dfrac{d}{dt}C(t)$

$x_3(t) = \dfrac{d^2}{dt^2}C(t)$

$\dot{x_1}(t) = x_2(t)$

$\dot{x_2}(t) = x_3(t)$

$\dot{x_3}(t) = -2x_1(t) - x_2(t) - 5x_3(t) + r(t)$

$$\begin{bmatrix} \dot{x_1} \\ \dot{x_2} \\ \dot{x_3} \end{bmatrix} = \begin{bmatrix} 0 & 1 & 0 \\ 0 & 0 & 1 \\ -2 & -1 & 5 \end{bmatrix} \begin{bmatrix} x_1(t) \\ x_2(t) \\ x_3(t) \end{bmatrix} + \begin{bmatrix} 0 \\ 0 \\ 1 \end{bmatrix} r(t)$$

**ex 2**

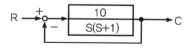

$$G(s) = \frac{C(s)}{R(s)} = \frac{\dfrac{10}{S(S+1)}}{1 + \dfrac{10}{S(S+1)}} = \frac{10}{S(S+1)+10} = \frac{10}{S^2 + S + 10}$$

$$(S^2 + S + 10)C(s) = 10R(s)$$

$$\frac{d^2C(t)}{dt^2} + \frac{dC(t)}{dt} + 10C(t) = 10r(t)$$

$$x_1 = C(t) \qquad\qquad \dot{x_1} = x_2$$

$$x_2 = \frac{d}{dt}C(t) \qquad\qquad \dot{x_2} = -10x_1 - x_2 + 10r$$

## 02 상태천이행렬 $\phi(t)$ : 기본행렬이라고 한다.

**(1)** $\phi(t) = e^{At} = \mathcal{L}^{-1}[sI - A]^{-1}$

**(2)** $\phi(0) = I$ 단, $I = \begin{bmatrix} 1 & 0 \\ 0 & 1 \end{bmatrix}$ 인 단위행렬

**(3)** $\phi^{-1}(t) = \phi(-t)$

**(4)** $\dot{\phi}(t) = A\phi(t)$

**(5)** $[\phi(t)]^k = \phi(kt)$

**ex** $A = \begin{bmatrix} 0 & 1 \\ -1 & -2 \end{bmatrix}$ 천이행렬?

$$\begin{bmatrix} S & 0 \\ 0 & S \end{bmatrix} - \begin{bmatrix} 0 & 1 \\ -1 & -2 \end{bmatrix} = \begin{bmatrix} S & -1 \\ 2 & S+3 \end{bmatrix}$$

$$(SI - A)^{-1} = \frac{1}{S(S+3)+2} \begin{bmatrix} S+3 & 1 \\ -2 & S \end{bmatrix}$$

$$= \frac{1}{(S+1)(S+2)} \begin{bmatrix} S+3 & 1 \\ -2 & S \end{bmatrix}$$

$$= \begin{bmatrix} \dfrac{S+3}{(S+1)(S+2)} & \dfrac{1}{(S+1)(S+2)} \\ \dfrac{-2}{(S+1)(S+2)} & \dfrac{S}{(S+1)(S+2)} \end{bmatrix}$$

$$\psi(t) = \mathcal{L}^{-1}(sI-A)^{-1}$$

$$\therefore \begin{bmatrix} (t+1)e^{-t} & te^{-t} \\ -te^{-t} & (-t+1)e^{-t} \end{bmatrix}$$

## 03 특성방정식

$[sI-A] = 0$을 만족하는 방정식을 제어계의 특성방정식이라 하며 이때의 $s$ 값을 특성방정식의 근 또는 고유값이라 한다.

## 04 $Z$변환

| $f(t)$ | $F(s)$ | $F(z)$ |
|--------|--------|--------|
| $\delta(t)$ | $1$ | $1$ |
| $u(t)$ | $\dfrac{1}{s}$ | $\dfrac{z}{z-1}$ |
| $e^{-at}$ | $\dfrac{1}{s+a}$ | $\dfrac{z}{z-e^{-aT}}$ |

### (1) s평면의 z평면으로의 사상

① s평면 허수축(jw) ⇒ 중심의 원점이 단위원주상에 사상(임계)

② s평면 좌반평면 ⇒ 중심의 원점이 단위원 내부에 사상(안정)

③ s평면 우반평면 ⇒ 중심의 원점이 단위원 외부에 사상(불안정)

### (2) 초기치 정리 $\lim_{z\to 0} f(t) = \lim_{z\to\infty} F(z)$

**최종치 정리** $\lim_{z\to 1} F\left(1-\dfrac{1}{z}\right) = \lim_{z\to 1} F(1-z^{-1})$

## 10 CHAPTER 출제예상문제

**01** $\dfrac{d^2x}{dt^2}+\dfrac{dx}{dt}+2x=2u$의 상태변수를 $x_1=x,\ x_2=\dfrac{dx}{dt}$라 할 때 시스템 매트릭스(system matrix)는?

① $\begin{bmatrix} 0 & 2 \\ 1 & 1 \end{bmatrix}$
② $\begin{bmatrix} 0 & 1 \\ -2 & -2 \end{bmatrix}$

③ $\begin{bmatrix} 0 & 1 \\ -2 & -1 \end{bmatrix}$
④ $\begin{bmatrix} 0 \\ 2 \end{bmatrix}$

**해설**

$$\dfrac{d^2x}{dt^2}+1\dfrac{dx}{dt}+2x=2u$$

$$\begin{bmatrix} x'_1 \\ x'_2 \end{bmatrix} = \begin{bmatrix} 0 & 1 \\ -2 & -1 \end{bmatrix}\begin{bmatrix} x_1 \\ x_2 \end{bmatrix} + \begin{bmatrix} 0 \\ 2 \end{bmatrix}u$$

$\therefore\ A$ 계수행렬 $\begin{bmatrix} 0 & 1 \\ -2 & -1 \end{bmatrix}$　　　$B$ 계수행렬 $\begin{bmatrix} 0 \\ 2 \end{bmatrix}$

**02** 상태방정식 $\dfrac{d}{dt}x(t)=Ax(t)+B_U(t)$, 출력방정식 $y(t)=C_x(t)$에서 $A=\begin{bmatrix} -1 & 1 \\ 0 & -3 \end{bmatrix}$, $B=\begin{bmatrix} 0 \\ 1 \end{bmatrix}$, $C=[0\ 1]$일 때, 다음 설명 중 맞는 것은?

① 이 시스템은 가제어하고(controllable), 가관측하다(observable).
② 이 시스템은 가제어하나(controllable), 가관측하지 않다(unobservable).
③ 이 시스템은 가제어하지 않으나(uncontrollable), 가관측하다(observable).
④ 이 시스템은 가제어하지 않고(uncontrollable), 가관측하지 않다(unobservable).

**03** 다음 방정식으로 표시되는 제어계가 있다. 이 계를 상태방정식 $\dot{x}=Ax+Bu$로 나타내면 계수행렬 $A$는 어떻게 되는가?

$$\dfrac{d^3c(t)}{dt^3}+5\dfrac{d^2c(t)}{dt^2}+\dfrac{dc(t)}{dt}+2c(t)=r(t)$$

**정답** 01 ③ 02 ② 03 ①

① $\begin{bmatrix} 0 & 1 & 0 \\ 0 & 0 & 1 \\ -2 & -1 & -5 \end{bmatrix}$   ② $\begin{bmatrix} 0 & 0 & 1 \\ 1 & 0 & 0 \\ 5 & 1 & 2 \end{bmatrix}$   ③ $\begin{bmatrix} 0 & 0 & 1 \\ 1 & 0 & 0 \\ 0 & 5 & 2 \end{bmatrix}$   ④ $\begin{bmatrix} 0 & 0 & 1 \\ 1 & 0 & 0 \\ -2 & -1 & 0 \end{bmatrix}$

해설

$$\frac{d^3 c(t)}{dt^3} + 5\frac{d^2 c(t)}{dt^2} + 1\frac{dc(t)}{dt} + 2c(t) = r(t)$$

$$\therefore A \ 계수 \ 행렬 \begin{bmatrix} 0 & 1 & 0 \\ 0 & 0 & 1 \\ -2 & -1 & -5 \end{bmatrix}$$

---

**04** 다음 계통의 상태방정식을 유도하면? (단, 상태 변수를 $x_1 = x, \ x_2 = x', \ x_3 = x''$로 놓았다.)

$$x''' + 5x'' + 10x' + 5x = 2u$$

① $\begin{bmatrix} x'_1 \\ x'_2 \\ x'_3 \end{bmatrix} = \begin{bmatrix} 0 & 1 & 0 \\ 0 & 0 & 1 \\ -5 & -10 & -5 \end{bmatrix} \begin{bmatrix} x_1 \\ x_2 \\ x_3 \end{bmatrix} + \begin{bmatrix} 0 \\ 0 \\ 2 \end{bmatrix} u$   ② $\begin{bmatrix} x'_1 \\ x'_2 \\ x'_3 \end{bmatrix} = \begin{bmatrix} 0 & 1 & 0 \\ 0 & 0 & 1 \\ -5 & -10 & -5 \end{bmatrix} \begin{bmatrix} x_1 \\ x_2 \\ x_3 \end{bmatrix} + \begin{bmatrix} 2 \\ 0 \\ 0 \end{bmatrix} u$

③ $\begin{bmatrix} x'_1 \\ x'_2 \\ x'_3 \end{bmatrix} = \begin{bmatrix} -5 & 0 & 0 \\ -10 & 1 & 0 \\ -5 & 0 & 1 \end{bmatrix} \begin{bmatrix} x_1 \\ x_2 \\ x_3 \end{bmatrix} + \begin{bmatrix} 2 \\ 0 \\ 0 \end{bmatrix} u$   ④ $\begin{bmatrix} x'_1 \\ x'_2 \\ x'_3 \end{bmatrix} = \begin{bmatrix} -5 & 0 & 0 \\ -10 & 1 & 0 \\ -5 & 0 & 1 \end{bmatrix} \begin{bmatrix} x_1 \\ x_2 \\ x_3 \end{bmatrix} + \begin{bmatrix} 0 \\ 2 \\ 0 \end{bmatrix} u$

해설

$$x''' + 5x'' + 10x' + 5x = 2u$$

$$\begin{bmatrix} x'_1 \\ x'_2 \\ x'_3 \end{bmatrix} = \begin{bmatrix} 0 & 1 & 0 \\ 0 & 0 & 1 \\ -5 & -10 & -5 \end{bmatrix} \begin{bmatrix} x_1 \\ x_2 \\ x_3 \end{bmatrix} + \begin{bmatrix} 0 \\ 0 \\ 2 \end{bmatrix} u$$

(−) 부호를 붙인다.

정답  **04** ①

**05** 상태방정식 $x'(t) = Ax(t) + Br(t)$인 제어계의 특성방정식은?

① $[sI - A] = 0$  　　　　　　　　② $[sI - B] = 0$

③ $[sI - A] = I$  　　　　　　　　④ $[sI - B] = I$

해설

$|sI - A| = 0$을 만족하는 방정식을 제어계의 특성방정식이라 하며 이때 $s$값을 근 또는 고유값이라 한다.

**06** $A = \begin{bmatrix} 0 & 1 \\ -3 & -2 \end{bmatrix}$, $B = \begin{bmatrix} 4 \\ 5 \end{bmatrix}$인 상태방정식 $\dfrac{dx}{dt} = Ax + Br$에서 제어계의 특성방정식은?

① $S^2 + 4S + 3 = 0$  　　　　　　② $S^2 + 3S + 2 = 0$

③ $S^2 + 3S + 4 = 0$  　　　　　　④ $S^2 + 2S + 3 = 0$

해설

$$|sI - A| = \begin{bmatrix} S & 0 \\ 0 & S \end{bmatrix} - \begin{bmatrix} 0 & 1 \\ -3 & -2 \end{bmatrix}$$

$$= \begin{bmatrix} S & -1 \\ 3 & S+2 \end{bmatrix} = \frac{1}{S(S+2)+3} \text{에서}$$

분모 $= 0$(특성방정식)

$\therefore S^2 + 2S + 3 = 0$

**07** 다음과 같은 상태방정식의 고유값 $\lambda_1$, $\lambda_2$는?

$$\begin{bmatrix} X'_1 \\ X'_2 \end{bmatrix} = \begin{bmatrix} 1 & -2 \\ -3 & 2 \end{bmatrix} \begin{bmatrix} X_1 \\ X_2 \end{bmatrix} + \begin{bmatrix} 2 & -3 \\ -4 & 3 \end{bmatrix} \begin{bmatrix} t_1 \\ t_2 \end{bmatrix}$$

① 4, $-1$  　　　② $-4$, 1  　　　③ 8, $-1$  　　　④ $-8$, 1

해설

$$|sI - A| = \begin{bmatrix} S & 0 \\ 0 & S \end{bmatrix} - \begin{bmatrix} 1 & -2 \\ -3 & 2 \end{bmatrix} = \frac{1}{(S-1)(S-2)-6} \text{에서}$$

• 분모 $= 0$(특성방정식)

$S^2 - 3S + 2 - 6 = 0$

$\therefore S^2 - 3S - 4 = 0$

$(S+1)(S-4) = 0$

$\therefore S = -1, 4$

**08** 천이행렬에 관한 서술 중 옳지 않은 것은? (단, $x' = Ax + Bu$ 이다.)

① $\phi(t) = e^{At}$

② $\phi(t) = \mathcal{L}^{-1}[SI - A]$

③ 천이행렬은 기본행렬이라고도 한다.

④ $\phi(s) = [SI - A]^{-1}$

해설 Chapter − 10 − **02** − (1)

$\phi(t) = \mathcal{L}^{-1}[sI - A]^{-1}$

**09** state transition matrix의 $\phi(t) = e^{At}$ 에서 $t = 0$의 값은?

① $e$

② $I$

③ $e^{-1}$

④ $0$

해설 Chapter − 10 − **02** − (2)

$\phi(t) = e^{At} \ (t = 0)$

$\phi(0) = I$ (여기서, $I = \begin{bmatrix} 1 & 0 \\ 0 & 1 \end{bmatrix}$ 단위행렬)

**10** 상태방정식 $x'(t) = Ax(t)$의 해는 어느 것인가? (단, $x(0)$는 초기 상태 벡터이다.)

① $e^{At}x(0)$

② $e^{-At}x(0)$

③ $Ae^{At}x(0)$

④ $Ae^{-At}x(0)$

해설 Chapter − 10 − **02** − (2)

$\phi(t) = e^{At} \ (t = 0)$

$\phi(0) = I$ (여기서, $I = \begin{bmatrix} 1 & 0 \\ 0 & 1 \end{bmatrix}$ 단위행렬)

정답 **08** ② **09** ② **10** ①

**11** 계수행렬(또는 동반행렬) $A$ 가 다음과 같이 주어지는 제어계가 있다. 천이행렬을 구하면?

$$A = \begin{bmatrix} 0 & 1 \\ -1 & -2 \end{bmatrix}$$

① $\begin{bmatrix} (t+1)e^{-t} & te^{-t} \\ -te^{-t} & (-t+1)e^{-t} \end{bmatrix}$ 　　② $\begin{bmatrix} (t+1)e^{t} & te^{t} \\ -te^{-t} & (t+1)e^{t} \end{bmatrix}$

③ $\begin{bmatrix} (t+1)e^{-t} & -te^{-t} \\ te^{-t} & (t+1)e^{-t} \end{bmatrix}$ 　　④ $\begin{bmatrix} (t+1)e^{-t} & 0 \\ 0 & (-t+1)e^{-t} \end{bmatrix}$

**해설** Chapter − 10 − **02** − (1)

$$\begin{bmatrix} S & 0 \\ 0 & S \end{bmatrix} - \begin{bmatrix} 0 & 1 \\ -1 & -2 \end{bmatrix} = \begin{bmatrix} S & -1 \\ 1 & S+2 \end{bmatrix}$$

$$(sI-A)^{-1} = \frac{1}{S(S+2)+1} \begin{bmatrix} S+2 & 1 \\ -1 & s \end{bmatrix} = \frac{1}{S^2+2S+1} \begin{bmatrix} S+2 & 1 \\ -1 & S \end{bmatrix}$$

$$= \begin{bmatrix} \dfrac{S+2}{(S+1)^2} & \dfrac{1}{(S+1)^2} \\ \dfrac{-1}{(S+1)^2} & \dfrac{S}{(S+1)^2} \end{bmatrix}$$

$$\phi(t) = \mathcal{L}^{-1}\left\{(sI-A)^{-1}\right\}$$

$$\therefore \begin{bmatrix} (t+1)e^{-t} & te^{-t} \\ -te^{-t} & (-t+1)e^{-t} \end{bmatrix}$$

**12** 다음은 어떤 선형계의 상태방정식이다. 상태천이행렬 $\phi(t)$는?

$$x'(t) = \begin{bmatrix} -2 & 0 \\ 0 & -2 \end{bmatrix} x(t) + \begin{bmatrix} 0 \\ 1 \end{bmatrix} U$$

① $\phi(t) = \begin{bmatrix} e^{-2t} & 0 \\ 0 & 0 \end{bmatrix}$ 　　② $\phi(t) = \begin{bmatrix} e^{2t} & 0 \\ 0 & e^{-2t} \end{bmatrix}$

③ $\phi(t) = \begin{bmatrix} e^{-2t} & 0 \\ 0 & e^{-2t} \end{bmatrix}$ 　　④ $\phi(t) = \begin{bmatrix} e^{-2t} & 0 \\ 0 & e^{2t} \end{bmatrix}$

**정답** 11 ① 12 ③

해설 Chapter − 10 − **02** − (1)

$$| sI- A | = \begin{bmatrix} S+2 & 0 \\ 0 & S+2 \end{bmatrix}$$

$$| sI- A |^{-1} = \frac{1}{(S+2)^2} \begin{bmatrix} S+2 & 0 \\ 0 & S+2 \end{bmatrix} = \begin{bmatrix} \dfrac{1}{S+2} & 0 \\ 0 & \dfrac{1}{S+2} \end{bmatrix}$$

$$\therefore \mathcal{L}^{-1}[sI- A]^{-1} = \begin{bmatrix} e^{-2t} & 0 \\ 0 & e^{-2t} \end{bmatrix}$$

**13** 어떤 시불변계의 상태방정식이 다음과 같다. 상태천이행렬 $\phi(t)$는?

（단, $A = \begin{pmatrix} 0 & 0 \\ 1 & -2 \end{pmatrix}$, $B = \begin{pmatrix} 1 \\ 1 \end{pmatrix}$, $x'(t) = Ax(t) + Bu(t)$）

① $\begin{bmatrix} 1 & 0 \\ (e^{-2t}-1) & 1 \end{bmatrix}$   ② $\begin{bmatrix} 1 & 0 \\ (e^{-2t}-1) & e^{-2t} \end{bmatrix}$

③ $\begin{bmatrix} 1 & 0 \\ 2(e^{-2t}-1) & e^{-2t} \end{bmatrix}$   ④ $\begin{bmatrix} 1 & 0 \\ (1-e^{-2t})/2 & e^{-2t} \end{bmatrix}$

해설 Chapter − 10 − **02**

$$[SI- A] = \begin{bmatrix} S & 0 \\ +1 & S+2 \end{bmatrix}$$

$$[sI- A] = \frac{1}{S(S+2)-0} \begin{bmatrix} S+2 & 0 \\ -1 & s \end{bmatrix} = \frac{1}{S(S+2)} \begin{bmatrix} S+2 & 0 \\ -1 & S \end{bmatrix}$$

$$= \begin{bmatrix} \dfrac{1}{S} & 0 \\ -\dfrac{1}{S(S+2)} & \dfrac{1}{S+2} \end{bmatrix}$$

$$\therefore \mathcal{L}^{-1}[SI- A]^{-1} = \begin{bmatrix} 1 & 0 \\ \dfrac{1}{2}(e^{-2t}-1) & e^{-2t} \end{bmatrix}$$

**14** 다음 계통의 상태천이행렬 $\phi(t)$를 구하면?

$$\begin{bmatrix} X_1 \\ X_2 \end{bmatrix} = \begin{bmatrix} 0 & 1 \\ -2 & -3 \end{bmatrix} \begin{bmatrix} X_1 \\ X_2 \end{bmatrix}$$

① $\begin{bmatrix} 2e^{-t} - e^{2t} & e^{-t} - e^{2t} \\ -2e^{-t} + 2e^{2t} & -e^{t} + 2e^{-2t} \end{bmatrix}$   ② $\begin{bmatrix} 2e^{t} + e^{2t} & e^{-t} - e^{2t} \\ 2e^{t} - 2e^{2t} & e^{t} - 2e^{-2t} \end{bmatrix}$

③ $\begin{bmatrix} -2e^{-t} + e^{-2t} & -e^{-t} - e^{-2t} \\ -2e^{-t} - 2e^{-2t} & -e^{-t} - e^{-2t} \end{bmatrix}$   ④ $\begin{bmatrix} 2e^{-t} - e^{-2t} & e^{-t} - e^{-2t} \\ -2e^{-t} + 2e^{-2t} & -e^{-t} + 2e^{-2t} \end{bmatrix}$

정답 **13** ④  **14** ④

해설 Chapter $-$ 10 $-$ **02** $-$ (2)

$$| SI-A | = \begin{bmatrix} S & -1 \\ 2 & S+3 \end{bmatrix}$$

$$| SI-A |^{-1} = \frac{1}{S(S+3)+2} \begin{bmatrix} S+3 & 1 \\ -2 & S \end{bmatrix} = \begin{bmatrix} \dfrac{S+3}{(S+1)(S+2)} & \dfrac{1}{(s+1)(s+2)} \\ \dfrac{-2}{(S+1)(S+2)} & \dfrac{S}{(s+1)(s+2)} \end{bmatrix}$$

$$\therefore \ \mathcal{L}^{-1}[SI-A]^{-1} = \begin{bmatrix} 2e^{-t}-e^{-2t} & e^{-t}-e^{-2t} \\ -2e^{-t}+2e^{-2t} & -e^{-t}+2e^{-2t} \end{bmatrix}$$

**15** 다음 그림의 전달함수 $\dfrac{Y(z)}{R(z)}$ 는 다음 중 어느 것인가?

① $G(z)Tz^{-1}$
② $G(z)Tz$
③ $G(z)z^{-1}$
④ $G(z)z$

r(t) ⟶ ⫢ ⟶ [시간지연 T] ⟶ [G(s)] ⟶ y
이상적 표본기
(ideal sampler)

해설
$$G(z) = \frac{Y(z)}{R(z)} = G(z)z^{-1}$$

**16** T를 샘플주기라고 할 때 $z$ $-$ 변환은 라플라스 변환함수의 $s$ 대신 다음의 어느 것을 대입하여야 하는가?

① $\dfrac{1}{T}\ln\dfrac{1}{z}$
② $\dfrac{1}{T}\ln z$
③ $T\ln z$
④ $T\ln\dfrac{1}{z}$

해설
$z$ 변환에서는 $s$ 대신 $\dfrac{1}{T}\ln z$를 대입한다.

15 ③  16 ②

**17** 신호 $x(t)$가 다음과 같을 때의 $z$변환함수는 어느 것인가?

(단, 신호 $x(t)$는 $x(t) = 0$   : $t < 0$

$x(t) = e^{-at}$      : $t \geq 0$이면 이상 샘플러의 샘플 주기는 $T[s]$이다.)

① $(1 - e^{-aT})z/(z-1)(z - e^{-aT})$      ② $z/(z-1)$

③ $z/(z - e^{-aT})$      ④ $Tz/(z-1)^2$

**해설** Chapter − 10 − **04**

$$e^{-at} \xrightarrow{\mathcal{L}} \frac{1}{s+a} \xrightarrow{z} \frac{z}{z - e^{-aT}}$$

**18** 단위계단함수의 라플라스 변환과 $z$변환함수는?

① $\dfrac{1}{S}, \ \dfrac{1}{z}$      ② $S, \ \dfrac{z}{1-z}$

③ $\dfrac{1}{S}, \ \dfrac{z}{z-1}$      ④ $S, \ \dfrac{1}{z+1}$

**해설** Chapter − 10 − **04**

$$u(t) \xrightarrow{\mathcal{L}} \frac{1}{S} \xrightarrow{z} \frac{z}{z-1}$$

**19** $z$변환함수 $z/(z - e^{-at})$에 대응하는 시간함수는? (단, $T$는 이상 샘플러의 샘플주기이다.)

① $te^{-at}$      ② $\displaystyle\sum_{n=0}^{\infty} \delta(t - nT)$      ③ $1 - e^{-at}$      ④ $e^{-at}$

**해설** Chapter − 10 − **04**

$$e^{-at} \xrightarrow{\mathcal{L}} \frac{1}{S+a} \xrightarrow{z} \frac{z}{z - e^{-aT}}$$

**정답**   17 ③   18 ③   19 ④

**20** 다음은 단위계단함수 $u(t)$의 라플라스 혹은 $Z$ 변화 쌍을 나타낸 것이다. 이 중 옳은 것은 어느 것인가?

① $\mathcal{L}\,[u(t)] = 1$

② $\mathcal{L}\,[u(t)] = 1/Z$

③ $\mathcal{L}\,[u(t)] = 1/s^2$

④ $\mathcal{L}\,[u(t)] = Z/(Z-1)$

**해설** Chapter – 10 – **04**

$$u(t) \xrightarrow{\ \ \mathcal{L}\ \ } \frac{1}{S} \xrightarrow{\ \ z\ \ } \frac{z}{z-1}$$

**21** $C^*(s) = R^*(s)G^*(s)$의 $z-$변환 $C(z)$는 어느 것인가?

① $R(z)G(z)$

② $R(z) + G(z)$

③ $R(z)/G(z)$

④ $R(z) - G(z)$

**해설**

전달함수 $G(z) = \dfrac{C(z)}{R(z)}$

그러므로

$C(z) = G(z) \cdot R(z)$

**22** $e(t)$의 초기값은 $e(t)$의 z변환을 $E(z)$라 했을 때 다음 어느 방법으로 얻어지는가?

① $\lim\limits_{z \to 0} zE(s)$

② $\lim\limits_{z \to 0} E(s)$

③ $\lim\limits_{z \to \infty} zE(z)$

④ $\lim\limits_{z \to \infty} E(z)$

**해설** Chapter – 10 – **04** – (2)

$$\lim_{t \to 0} e(t) = \lim_{s \to \infty} s \cdot E(s) = \lim_{z \to \infty} E(z)$$

(Tip : $Z$ 변환식에는 $Z$를 곱하지 않는다.)

**정답** | **20** ④ **21** ① **22** ④

**23** z평면상의 원점에 중심을 둔 단위원주상에 사상되는 것은 $s$평면의 어느 성분인가?

① 양의 반평면 ② 음의 반평면
③ 실수축 ④ 허수축

해설 Chapter – 10 – **04** – (1)
$s$평면 허수축($j\omega$) $\Rightarrow$ 원점에 중심을 둔 단위원주상에 사상

**24** 샘플러의 주기를 $T$라 할 때 $s$평면상의 모든 식 $z = e^{ST}$에 의하여 $Z$평면상에 사상된다. $S$평면의 좌반평면상의 모든 점은 $z$평면상 단위원의 어느 부분으로 사상되는가?

① 내점 ② 외점
③ 원주상의 점 ④ $z$평면 전체

해설 Chapter – 10 – **04** – (1)
$S$평면의 좌반평면 $\Rightarrow$ 원점에 중심을 둔 단위원 내점에 사상

**25** z변환법을 사용한 샘플값 제어계가 안정하려면 $1 + GH(z) = 0$의 근의 위치는?

① $z$평면의 좌반면에 존재하여야 한다.
② $z$평면의 우반면에 존재하여야 한다.
③ $|z| = 1$인 단위원 내에 존재하여야 한다.
④ $|z| = 1$인 단위원 밖에 존재하여야 한다.

해설 Chapter – 10 – **04** – (1)
전체 전달함수에 모든 극점이 원점에 중심을 둔 단위원 내부에 사상되어야 안정하다.

**26** 샘플값 제어계통이 안정되기 위한 필요 충분조건은?

① 전체(over–all) 전달함수의 모든 극점이 $z$평면의 원점에 중심을 둔 단위원 내부에 위치해야 한다.
② 전체 전달함수의 모든 영점이 $z$평면의 원점에 중심을 둔 단위원 내부에 위치해야 한다.
③ 전체 전달함수의 모든 영점이 $z$평면의 좌반면에 위치해야 한다.
④ 전체 전달함수의 모든 영점이 $z$평면의 우반면에 위치해야 한다.

정답 **23** ④ **24** ① **25** ③ **26** ①

해설 Chapter － 10 － **04** － (1)
전체 전달함수에 모든 극점이 원점에 중심을 둔 단위원 내부에 사상되어야 안정하다.

**27** $z$변환법을 사용한 샘플치 제어계의 안정을 옳게 설명한 것은?

① 폐루프 전달함수의 모든 극이 $z$평면상의 원점에 중심을 둔 단위원 안쪽에 위치하여야 한다.
② 특성방정식의 모든 특성근의 절대값이 1보다 커야 한다.
③ 폐루프 전달함수의 모든 극이 $z$평면상의 원점에 중심을 둔 단위원 외부에 위치하고 특성근의 절대값이 1보다 커야 한다.
④ 폐루프 전달함수의 모든 극이 $z$평면상의 원점에 중심을 둔 단위원 외부에 위치하고 특성근의 절대값이 1보다 작아야 한다.

해설 Chapter － 02 － **04** － (1)
전체 전달함수에 모든 극점이 원점에 중심을 둔 단위원 내부에 사상되어야 안정하다.

**28** 다음과 같은 상태방정식으로 표현되는 제어시스템에 대한 특성방정식의 근($s_1$, $s_2$)은?

$$\begin{bmatrix} \dot{x_1} \\ \dot{x_2} \end{bmatrix} = \begin{bmatrix} 0 & -3 \\ 2 & -5 \end{bmatrix} \begin{bmatrix} x_1 \\ x_2 \end{bmatrix} + \begin{bmatrix} 1 \\ 0 \end{bmatrix} u$$

① 1, $-3$
② $-1$, $-2$
③ $-2$, $-3$
④ $-1$, $-3$

해설 Chapter 10 － **01**
상태방정식 $= sI - A$
$= s\begin{bmatrix} 1 & 0 \\ 0 & 1 \end{bmatrix} - \begin{bmatrix} 0 & -3 \\ 2 & -5 \end{bmatrix}$
$= \begin{bmatrix} s & 0 \\ 0 & s \end{bmatrix} - \begin{bmatrix} 0 & -3 \\ 2 & -5 \end{bmatrix}$
$= \begin{bmatrix} s & 3 \\ -2 & s+5 \end{bmatrix}$
$= s^2 + 5s - 3 \times (-2)$
$= s^2 + 5s + 6$
특성방정식 $= sI - A = 0$
$s^s + 5s + 6 = 0$
$(s+2)(s+3) = 0$
$s = -2, -3$

정답 **27** ① **28** ③

**29** 시스템행렬 A가 다음과 같을 때 상태천이행렬을 구하면?

$$A = \begin{bmatrix} 0 & 1 \\ -2 & -3 \end{bmatrix}$$

① $\begin{bmatrix} 2e^t - e^{2t} & -e^t + e^{2t} \\ 2e^t - 2e^{2t} & -e^t + 2e^{2t} \end{bmatrix}$

② $\begin{bmatrix} 2e^{-t} - e^{-2t} & -e^{-t} - e^{-2t} \\ -2e^{-t} + 2e^{-2t} & -e^{-t} + 2e^{2t} \end{bmatrix}$

③ $\begin{bmatrix} 2e^{-t} - e^{-2t} & -e^{-t} + e^{-2t} \\ 2e^{-t} - 2e^{-2t} & -e^{-t} - 2e^{-2t} \end{bmatrix}$

④ $\begin{bmatrix} 2e^{-t} - e^{-2t} & -e^{-t} - e^{-2t} \\ -2e^{-t} + 2e^{-2t} & -e^t + 2e^{-2t} \end{bmatrix}$

**해설** Chapter 10 – **02**

상태천이행렬 $= \begin{bmatrix} s & 0 \\ s & 0 \end{bmatrix} - \begin{bmatrix} 0 & 1 \\ -2 & -3 \end{bmatrix} = \begin{bmatrix} s & -1 \\ 2 & s+3 \end{bmatrix}$

$\phi(t) = \mathcal{L}^{-1}[sI - A]^{-1} = \dfrac{1}{s(s+3)+2}\begin{bmatrix} s+3 & 1 \\ -2 & s \end{bmatrix} = \dfrac{1}{s^2+3s+2}\begin{bmatrix} s+3 & 1 \\ -2 & s \end{bmatrix}$

$\quad = \dfrac{1}{(s+1)(s+2)}\begin{bmatrix} s+3 & 1 \\ -2 & s \end{bmatrix} = \begin{bmatrix} \dfrac{s+3}{(s+1)(s+2)} & \dfrac{1}{(s+1)(s+2)} \\ \dfrac{-2}{(s+1)(s+2)} & \dfrac{s}{(s+1)(s+2)} \end{bmatrix}$

$\mathcal{L}^{-1} = \begin{bmatrix} 2e^{-t} - e^{-2t} & -e^{-t} - e^{-2t} \\ -2e^{-t} + 2e^{-2t} & -e^t + 2e^{-2t} \end{bmatrix}$

**30** $\dfrac{d^2}{dt^2}c(t) + 5\dfrac{d}{dt}c(t) + 4c(t) = r(t)$와 같은 함수를 상태함수로 변환하였다. 벡터 A, B의 값으로 적당한 것은?

$$\frac{d}{dt}X(t) = AX(t) + Br(t)$$

① $A = \begin{bmatrix} 0 & 1 \\ -5 & -4 \end{bmatrix}, \ B = \begin{bmatrix} 0 \\ 1 \end{bmatrix}$

② $A = \begin{bmatrix} 0 & 1 \\ 5 & 4 \end{bmatrix}, \ B = \begin{bmatrix} 0 \\ 1 \end{bmatrix}$

③ $A = \begin{bmatrix} 0 & 1 \\ -4 & -5 \end{bmatrix}, \ B = \begin{bmatrix} 0 \\ 1 \end{bmatrix}$

④ $A = \begin{bmatrix} 0 & 1 \\ 4 & 5 \end{bmatrix}, \ B = \begin{bmatrix} 0 \\ 1 \end{bmatrix}$

**해설** Chapter 10 – **01**

상태방정식에서 A계수행렬과 B계수행렬의 관계는 A계수행렬은 제일 밑열에 0차수부터 각 차수 상수를 부호변환하여 기록하며, B계수행렬은 제일 밑열에 상수를 기록한다.

그러므로 A행렬은 0차수 상수는 4, 1차수 상수는 5를 부호변환하여 밑열에 기록, B행렬은 상수가 1인 값을 밑열에 기록한다.

**정답** 29 ④　30 ③

# chapter

# 11

시퀀스 제어

# 시퀀스 제어

## 01 시퀀스 제어

미리 정해놓은 순서 또는 일정한 논리에 의하여 정해진 순서에 따라 제어의 각 단계를 순차적으로 진행하는 제어

## 02 논리시퀀스 회로

### (1) AND[직렬연결 = 곱셈]

① 무접점

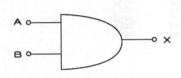

② 유접점

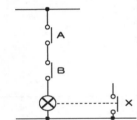

③ 출력식 $X = A \cdot B$

### (2) OR[병렬연결 = 덧셈]

① 무접점

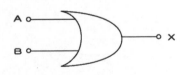

② 유접점

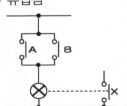

③ 출력식 $X = A + B$

## (3) NOT[부정]

### ① 무접점

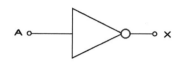

### ② 유접점

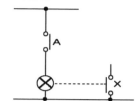

### ③ 출력식 $X = \overline{A}$

## (4) NAND[AND의 부정]

### ① 무접점

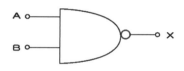

### ② 유접점

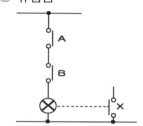

### ③ 출력식 $X = \overline{A \cdot B}$

## (5) NOR[OR의 부정]

### ① 무접점

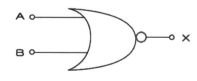

### ② 유접점

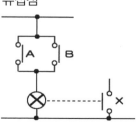

### ③ 출력식 $X = \overline{A + B}$

## **03** 드모르강의 정리

**(1)** $\overline{A \cdot B} = \overline{A} + \overline{B}$

**(2)** $\overline{A + B} = \overline{A} \cdot \overline{B}$

## **04** 불 대수

**(1)** 2진수 "0", "1", 접점 a, b 및 단락, 단선에 대하여

"1"⇒"a", 단락, "0" ⇒ "b"⇒ 단선의 의미를 갖는다.

**(2)** A, B, C가 논리변수일 때 다음 식이 성립한다.

① **교환법칙** $A + B = B + A, \quad A \cdot B = B \cdot A$

② **결합법칙** $(A + B) + C = A + (B + C)$

$(A \cdot B) \cdot C = A \cdot (B \cdot C)$

③ **분배법칙** $A \cdot (B + C) = A \cdot B + A \cdot C$

$A + (B \cdot C) = (A + B)(A + C)$

**(3)** 2진수 "0", "1" 및 논리변수 $A$, $B$일 때 다음이 성립된다.

① $A + 0 = A, A \cdot 1 = A$

② $A + A = A, A \cdot A = A$

③ $A + 1 = 1, \quad A + \overline{A} = 1$

④ $A \cdot 0 = 0, A \cdot \overline{A} = 0$

**(4) 부정의 법칙**

① $\overline{\overline{A}} = A$

② $\overline{\overline{A \cdot B}} = A \cdot B$

③ $\overline{\overline{A + B}} = A + B$

④ $\overline{A} \cdot B = \overline{\overline{A \cdot B}}$

**(5) "0"과 "1"의 연산**

① $0 + 0 = 0$     ② $0 + 1 = 1$     ③ $\overline{0} = 1$

④ $1 \cdot 1 = 1$     ⑤ $0 \cdot 1 = 0$     ⑥ $\overline{1} = 0$

## 05 카르노도 맵 작성

논리식을 간소화할 때 사용한다.

논리식 $Y = \overline{A}B\overline{C}\overline{D} + \overline{A}B\overline{C}\overline{D} + AB\overline{C}\overline{D} + ABC\overline{D}$ 가 있다고 가정하면

**(1)** 카르노도를 작성하여 논리식 값이 있으면 1로 표현하고 그 논리식 값이 없으면 0으로 표현한다.

|  | $\overline{C}\overline{D}$ | $\overline{C}D$ | $CD$ | $C\overline{D}$ |
|---|---|---|---|---|
| $\overline{A}\,\overline{B}$ | 0 | 0 | 0 | 0 |
| $\overline{A}B$ | 1 | 0 | 0 | 1 |
| $AB$ | 1 | 0 | 0 | 1 |
| $A\overline{B}$ | 0 | 0 | 0 | 0 |

**(2)** 카르노도에서 1이 있는 부분만 $2^n(n = 0, 1, 2, 3 \cdots)$의 최대 묶음($2^2 = 4$개)으로 묶는다.

|  | $\overline{C}\overline{D}$ | $\overline{C}D$ | $CD$ | $C\overline{D}$ |
|---|---|---|---|---|
| $\overline{A}\,\overline{B}$ | 0 | 0 | 0 | 0 |
| $\overline{A}B$ | 1 | 0 | 0 | 1 |
| $AB$ | 1 | 0 | 0 | 1 |
| $A\overline{B}$ | 0 | 0 | 0 | 0 |

**(3)** 묶음 안에서 공통성분만 남기고 긍정 및 부정은 없어진다.

⇒ 세로축에서 $\overline{A}$와 $A$는 상쇄되어 없어지고 공통성분 $B$는 남는다.

⇒ 가로축에서 $\overline{C}$와 $C$는 상쇄되어 없어지고 공통성분 $\overline{D}$는 남는다.

그러므로 $Y = B\overline{D}$가 된다.

**01** 논리회로의 종류에서 설명이 잘못된 것은?

① AND 회로 : 입력신호 $A$, $B$, $C$의 값이 모두 1일 때에만 출력신호 Z의 값이 1이 되는 신호로 논리식은 $A \cdot B \cdot C = Z$로 표시한다.

② OR 회로 : 입력신호 $A$, $B$, $C$ 중 어느 한 값이 1이면 출력신호 Z의 값이 1이 되는 회로로 논리식은 $A + B + C = Z$로 표시한다.

③ NOT 회로 : 입력신호 A와 출력신호 Z가 서로 반대로 되는 회로로, 논리식은 $\overline{A} = Z$로 표시한다.

④ NOR 회로 : AND 회로의 부정회로로, 논리식은 $A + B = C$로 표시한다.

해설 Chapter - 11 - 02 - (5)

NOR 회로 : OR 회로의 부정회로로, 논리식은 $X = \overline{A + B}$ 이다.

**02** 논리식 $A + AB$를 간단히 계산한 결과는?

① $A$　　　　② $\overline{A} + B$　　　　③ $A + \overline{B}$　　　　④ $A + B$

해설 Chapter - 11 - 04

흡수의 법칙 $A + A \cdot B = A$ , $A \cdot (A + B) = A$

**03** 논리식 $f = X + \overline{X} \cdot Y$를 간단히 한 식은?

① $X$　　　　② $\overline{X}$　　　　③ $X + Y$　　　　④ $\overline{X} + Y$

해설 Chapter - 11 - 04

$f = X + \overline{X} \cdot Y = X(1 + Y) + \overline{X}Y = X + (XY + \overline{X}Y) = X + Y$

**04** 무접점 릴레이의 장점이 아닌 것은?

① 동작속도가 빠르다.

② 온도의 변화가 강하다.

③ 고빈도 사용에 견디며 수명이 길다.

④ 소형이고 가볍다.

정답 | **01** ④　**02** ①　**03** ③　**04** ②

해설

무접점 릴레이라고 하면 반도체 소자로 구성된 것이므로 온도의 영향을 민감하게 받는다.

**05** 시퀀스(sequence) 제어에서 다음 중 옳지 않은 것은?

① 조합 논리회로도 사용된다.

② 기계적 계전기도 사용된다.

③ 전체 계통에 연결된 스위치가 일시적으로 동작할 수도 있다.

④ 시간의 지연요소도 사용된다.

해설 Chapter – 11 – 01

시퀀스 제어는 순차제어로서 일시에 동작하지 않는다.

**06** 그림과 같은 계전기 접점회로의 논리식은?

① $A + B + C$

② $(A + B) + C$

③ $A \cdot B + C$

④ $A \cdot B \cdot C$

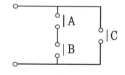

해설 Chapter – 11 – 02

직렬 : 곱(×), 병렬 : 합(+)

∴ $A \cdot B + C$

**07** 다음 논리회로의 출력 $X_0$는?

① $A \cdot B + \overline{C}$　　② $(A + B)\overline{C}$

③ $A + B + \overline{C}$　　④ $AB\overline{C}$

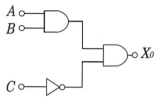

해설 Chapter – 11 – 02

AND : 곱(×), OR : 합(+), NOT : 부정

∴$A \cdot B \cdot \overline{C}$

**08** 그림의 논리회로의 출력 $Y$를 옳게 나타내지 못한 것은?

① $Y = A\overline{B} + AB$

② $Y = A(\overline{B} + B)$

③ $Y = A$

④ $Y = B$

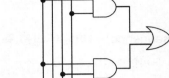

해설 Chapter − 11 − **02**

AND : 곱(×), OR : 합(+)

$\therefore \ A \cdot \overline{B} + A \cdot B = A(\overline{B} + B) = A \cdot 1 = A$

**09** 그림과 같은 논리회로의 출력을 구하면?

① $Y = A\overline{B} + \overline{A}B$

② $Y = \overline{A}\,\overline{B} + \overline{A}B$

③ $Y = A\overline{B} + \overline{A}\,\overline{B}$

④ $Y = \overline{A} + \overline{B}$

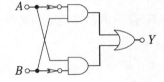

해설 Chapter − 11 − **02**

출력 $Y = \overline{A} \cdot B + A \cdot \overline{B}$

**10** $\overline{\overline{A} + \overline{B} \cdot \overline{C}}$와 동일한 것은?

① $\overline{\overline{A} + B \cdot C}$

② $\overline{\overline{A} \cdot (B + C)}$

③ $\overline{\overline{A} \cdot \overline{B} + C}$

④ $\overline{\overline{A} \cdot \overline{B}} + C$

해설 Chapter − 11 − **02**

$X = \overline{\overline{\overline{A} + \overline{B} \cdot \overline{C}}} = \overline{\overline{\overline{A}} \cdot \overline{\overline{B} \cdot \overline{C}}} = \overline{A \cdot \overline{\overline{B} \cdot \overline{C}}} = \overline{A \cdot (\overline{\overline{B}} + \overline{\overline{C}})}$

$\quad = \overline{A \cdot (B + C)}$

**11** 그림의 게이트(gate) 명칭은 어떻게 되는가?

① AND gate

② OR gate

③ NAND gate

④ NOR gate

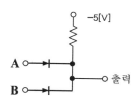

해설

병렬입력 : $A$와 $B$ 중 어느 하나 이상이 입력되면 출력이 발생한다.

**12** 다음 식 중 드모르강의 정리를 나타낸 식은?

① $A + B = B + A$

② $A \cdot (B \cdot C) = (A \cdot B) \cdot C$

③ $\overline{A \cdot B} = \overline{A} \cdot \overline{B}$

④ $\overline{A \cdot B} = \overline{A} + \overline{B}$

해설 Chapter $-$ 11 $-$ **03** $-$ (1)

**13** 다음은 2차 논리계를 나타낸 것이다. 출력 $Y$는?

① $Y = A + B \cdot C$

② $Y = B + A \cdot C$

③ $Y = \overline{A} + B \cdot C$

④ $Y = B + \overline{A} \cdot C$

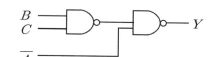

해설 Chapter $-$ 11 $-$ **02**

$$Y = \overline{\overline{A} \cdot \overline{BC}} = \overline{\overline{A}} + \overline{\overline{BC}} = A + B \cdot C$$

정답 **11** ② **12** ④ **13** ①

**14** 다음의 불대수 계산에서 옳지 않은 것은?

① $\overline{A \cdot B} = \overline{A} + \overline{B}$　　　　② $\overline{A + B} = \overline{A} \cdot \overline{B}$

③ $A + A = A$　　　　④ $A + A\overline{B} = 1$

해설 Chapter – 11 – **04**
$$A + A\overline{B} = A(1 + \overline{B}) = A \cdot 1 = A$$

**15** 논리식 $L = \overline{X} \cdot \overline{Y} + \overline{X} \cdot Y + X \cdot Y$를 간단히 한 것은?

① $X + Y$　　　　② $\overline{X} + Y$

③ $X + \overline{Y}$　　　　④ $\overline{X} \cdot \overline{Y}$

해설 Chapter – 11 – **04**
$$L = \overline{X} \cdot \overline{Y} + \overline{X} \cdot Y + X \cdot Y = \overline{X}(\overline{Y} + Y) + XY$$
$$= \overline{X} + X \cdot Y = (\overline{X} + X)(\overline{X} + Y) = \overline{X} + Y$$

**16** 다음 카르노(Karnaugh) 도를 간단히 하면?

|  | $\overline{C}\overline{D}$ | $\overline{C}D$ | $CD$ | $C\overline{D}$ |
|---|---|---|---|---|
| $\overline{A}\,\overline{B}$ | 0 | 0 | 0 | 0 |
| $\overline{A}B$ | 1 | 0 | 0 | 1 |
| $AB$ | 1 | 0 | 0 | 1 |
| $A\overline{B}$ | 0 | 0 | 0 | 0 |

① $Y = \overline{C}\overline{D} + BC$　　　　② $Y = B\overline{D}$

③ $Y = A + \overline{A}B$　　　　④ $Y = A + B\overline{C}D$

해설 Chapter - 11 - 05

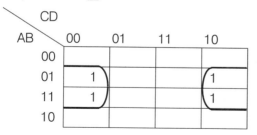

4개로 묶으면 공통적인 것은 $B\overline{D}$ 가 된다.

**17** 다음 논리식을 간단히 하면?

$$X = \overline{A}\,\overline{B}C + A\overline{B}\,\overline{C} + A\overline{B}C$$

① $\overline{B}(A + C)$　　　　　　　② $\overline{C}(A + B)$

③ $\overline{A}(B + C)$　　　　　　　④ $C(A + \overline{B})$

해설 Chapter - 11 - 04

$X = \overline{A}\,\overline{B}C + A\overline{B}\,\overline{C} + A\overline{B}C = \overline{B}(\overline{A}C + A\overline{C} + AC)$

　$= \overline{B}(\overline{A}C + A(\overline{C} + C)) = \overline{B}(\overline{A}C + A)$

　$= \overline{B}(\overline{A} + A)(A + C) = \overline{B}(A + C)$

**18** 그림의 논리회로와 등가인 논리식은?

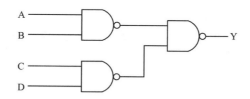

① $Y = A \cdot B \cdot C \cdot D$　　　　　② $Y = A \cdot B + C \cdot D$

③ $Y = \overline{A \cdot B} + \overline{C \cdot D}$　　　　　④ $Y = (\overline{A} + \overline{B}) \cdot (\overline{C} + \overline{D})$

해설 Chapter 11 - 02

논리시퀀스 회로 $\overline{\overline{A \cdot B} \cdot \overline{C \cdot D}}$ 가 되므로 드모르강의 정리를 이용하면

$= \overline{\overline{A \cdot B}} + \overline{\overline{C \cdot D}} = A \cdot B + C \cdot D$

정답 **17** ①　**18** ②

**19** 다음 논리회로의 출력 Y는?

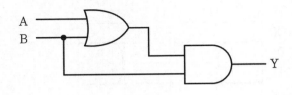

① A           ② B           ③ A + B           ④ A · B

해설 Chapter 11 − 02
논리시퀀스 회로 (A+B)·B = AB+BB = AB+B = (A+1)B가 되므로 B가 된다.

**20** 다음 논리식을 간단히 한 것은?

$$Y = \overline{A}BC\overline{D} + \overline{A}BCD + \overline{A}\,\overline{B}C\overline{D} + \overline{A}\,\overline{B}CD$$

① $Y = \overline{A}\,C$      ② $Y = A\overline{C}$      ③ $Y = AB$      ④ $Y = BC$

해설 Chapter 11 − 03
논리식
$= \overline{A}BC(\overline{D}+D) + \overline{A}\,\overline{B}C(\overline{D}+D)$
$= \overline{A}BC + \overline{A}\,\overline{B}C$
$= \overline{A}C$

**21** 논리식 $((AB+A\overline{B})+AB)+\overline{A}B$를 간단히 하면?

① $A+B$      ② $\overline{A}+B$      ③ $A+\overline{B}$      ④ $A+A \cdot B$

해설 Chapter 11 − 04
불대수
$((AB+A\overline{B})+AB)+\overline{A}B$이므로
$=(A(B+\overline{B})+AB)+\overline{A}B$
$=(A+AB)+\overline{A}B$
$=A+\overline{A}B$
$=A+B$가 된다.

정답 **19** ②   **20** ①   **21** ①

**22** 그림과 같은 논리회로의 출력 Y는?

① $ABCDE + \overline{F}$

② $\overline{A}\,\overline{B}\,\overline{C}DE + F$

③ $\overline{A} + \overline{B} + \overline{C} + \overline{D} + \overline{E} + F$

④ $A + B + C + D + E + \overline{F}$

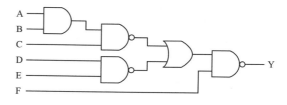

해설 Chapter 11 – 02

논리시퀀스 회로

위 부분을 정리하면 $\overline{(\overline{ABC} + \overline{DE})} \cdot F$

이를 다시 드모르강의 정리하면

$\overline{\overline{ABC} \cdot \overline{DE}} + \overline{F}$

$ABCDE + \overline{F}$

**23** 다음 중 이진값 신호가 아닌 것은?

① 디지털 신호

② 아날로그 신호

③ 스위치의 On-Off 신호

④ 반도체 소자의 동작, 부동작 상태

해설 Chapter 11 – 04

2진수

이진값 신호는 불연속 제어로서 아날로그 신호는 연속제가 된다.

**24** 그림과 같은 논리회로는?

① OR 회로

② AND 회로

③ NOT 회로

④ NOR 회로

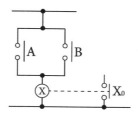

해설 Chapter 11 – 02

시퀀스 회로에서 출력 $X = A + B$이므로 OR 회로이다.

정답 **22** ① **23** ② **24** ①

**25** 다음과 같은 진리표를 갖는 회로의 종류는?

① AND
② NOR
③ NAND
④ EX−OR

| 입력 | | 출력 |
|---|---|---|
| A | B | |
| 0 | 0 | 0 |
| 0 | 1 | 1 |
| 1 | 0 | 1 |
| 1 | 1 | 0 |

**해설** Chapter 11 − **02**
주어진 진리표의 출력이 0, 1, 1, 0이므로 배타적 논리합(EX−OR) 회로이다.

**26** 다음 진리표의 논리소자는?

① OR
② NOR
③ NOT
④ NAND

| 입력 | | 출력 |
|---|---|---|
| A | B | C |
| 0 | 0 | 1 |
| 0 | 1 | 0 |
| 1 | 0 | 0 |
| 1 | 1 | 0 |

**해설** Chapter 11 − **02** − (3)
NOR 회로

**27** 다음 논리회로가 나타내는 식은?

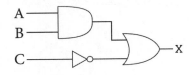

① $X = (A \cdot B) + \overline{C}$
② $X = (\overline{A \cdot B}) + C$
③ $X = (\overline{A + B}) \cdot C$
④ $X = (A + B) \cdot \overline{C}$

**해설** Chapter 11 − **02**
논리시퀀스 회로 $X = A \cdot B + \overline{C}$

**정답** 25 ④ 26 ② 27 ①

chapter

# 12

## 자동제어계

# 자동제어계

## 01 폐회로 제어계의 구성

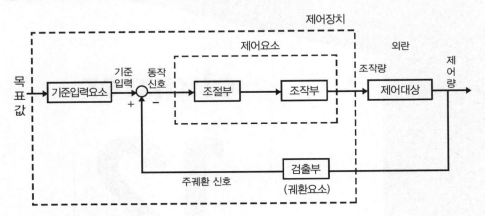

## 02 자동제어계의 분류

### (1) 제어량의 종류에 따른 분류

① **서보기구** : 물체의 위치, 방위, 자세, 각도 등의 기계적인 변위를 제어량으로 하는 제어계
   **예** 비행기, 선박 방향제어계, 추적용레이더, 자동평형기록계

② **프로세스제어** : 온도, 유량, 압력, 밀도, 액위, 농도 등의 공업프로세스의 상태량을 제어량으로 하는 제어계
   **예** 온도, 압력제어장치

③ **자동조정** : 전압, 전류, 속도, 주파수 등을 제어량으로 하는 제어계
   **예** 발전기의 조속기 제어, 정전압장치

### (2) 제어량의 성질에 따른 분류

① **정치제어** : 목표값이 시간에 대하여 변화하지 않는 제어로서 프로세스제어 또는 자동조정이 이에 속한다.

② **추치제어**
   ㉠ 프로그램제어 : 미리 정해진 프로그램에 대해 따라 제어량을 변화시키는 것을 목적
      **예** 열차의 무인운전, 무조정사인 엘리베이터
   ㉡ 추종제어 : 미지의 임의의 시간적 변화를 하는 목표값에 제어량을 추종시키는 것을 목적
      **예** 대공포의 포신제어, 자동아날로그 선반 등
   ㉢ 비율제어 : 목표값이 다른 양과 일정한 비율관계를 가지고 변화하는 경우의 제어
      **예** 보일러의 자동연소제어, 암모니아 합성프로세스제어

### (3) 제어동작에 따른 분류

① ON-OFF동작 : 사이클링(cycling), 오프셋(잔류편차)을 일으킴, 불연속 제어

② 비례동작(P동작) : 사이클링은 없으나 오프셋(잔류편차)을 일으킴

③ 적분동작(I동작) : 잔류의 오차가 없도록 제어

④ 미분동작(D동작) : 오차가 커지는 것을 미연에 방지

⑤ 비례적분동작(PI동작) : 제어결과가 진동하기 쉽다.

전달함수 $G(s) = K_p(1 + \dfrac{1}{T_{is}})$

⑥ 비례미분동작(PD동작) : 속응성을 개선한다.

전달함수 $G(s) = K_p(1 + T_{ds})$

⑦ 비례적분미분동작(PID동작) : 정상특성과 응답속응성을 동시에 개선한다.

전달함수 $G(s) = K_p(1 + T_{ds} + \dfrac{1}{T_{is}})$

단, 여기서 $K_p$ : 비례감도

$T_d$ : 미분시간 = 레이트시간

$T_i$ : 적분시간

**01** 제어요소는 무엇으로 구성되는가?

① 비교부와 검출부
② 검출부와 조작부
③ 검출부와 조절부
④ 조절부와 조작부

해설 Chapter – 12 – **01**
제어요소 : 조절부, 조작부 (Tip : 절부와 작부)

**02** 제어요소가 제어대상에 주는 양은?

① 기준입력
② 동작신호
③ 제어량
④ 조작량

해설 Chapter – 12 – **01**
자동차를 예로 든다면 연료를 의미하는 것이다.

**03** 다음 요소 중 피드백 제어계의 제어장치에 속하지 않는 것은?

① 설정부
② 조절부
③ 검출부
④ 제어대상

해설 Chapter – 12 – **01**
[Chapter – 12 – **01**]의 그림에서처럼 제어대상은 제어장치의 외부에 존재한다.

**04** 피드백 제어에서 반드시 필요한 장치는 어느 것인가?

① 구동장치
② 조절부
③ 검출부
④ 비교부

해설 Chapter – 12 – **01**
비교부가 있어야만 오차를 정정할 수 있다.

정답 **01** ④ **02** ④ **03** ④ **04** ④

**05** 피드백 제어계의 특징이 아닌 것은?

① 정확성이 증가한다.
② 대역폭이 증가한다.
③ 구조가 간단하고 설비치가 저렴하다.
④ 계의 특성 변화에 대한 입력대 출력비의 감도가 감소한다.

해설 Chapter - 12 - 01
구조가 복잡하며 초기 설치비가 많이 든다.

**06** 피드백 제어계에서 제어요소에 대한 설명 중 옳은 것은?

① 목표값에 비례하는 신호를 발생하는 요소이다.
② 조작부와 검출부로 구성되어 있다.
③ 조절부와 검출부로 구성되어 있다.
④ 동작신호를 조작량으로 변환하는 요소이다.

해설 Chapter - 12 - 01
(Tip : [Chapter - 12 - 01]의 블록다이어그램 표를 꼭 기억할 것!!)

**07** 다음 용어 설명 중 옳지 않은 것은?

① 목표값을 제어할 수 있는 신호로 변환하는 장치 : 기준입력장치
② 목표값을 제어할 수 있는 신호로 변환하는 장치 : 조작부
③ 제어량을 설정값과 비교하여 오차를 계산하는 장치 : 오차 검출기
④ 제어량을 측정하는 장치 : 검출단

해설 Chapter - 12 - 01
조작부 : 제어명령을 증폭시켜 직접 제어대상을 제어하는 부분

정답 **05** ③ **06** ④ **07** ②

**08** 다음은 D.C 서보 전동기(D.C servo motor)의 설명이다. 잘못된 것은?

① D.C 서보 전동기는 제어용의 전기적 동력으로 주로 사용된다.
② 이 전동기는 평형형 지시 계기의 동력용으로 많이 쓰인다.
③ 모터의 회전각과 속도는 펄스 수에 비례한다.
④ 피드백이 필요치 않아 제어계가 간단하고 염가이다.

해설
서보 전동기의 속도는 입력전압에 비례한다.

**09** 인가 직류 전압을 변화시켜서 전동기의 회전수를 800[rpm]으로 하고자 한다. 이 경우 회전수는 어느 용어에 해당하는가?

① 목표값　　　　② 조작량　　　　③ 제어량　　　　④ 제어대상

해설
제어량(=출력) : 제어대상의 물리량 값

**10** 전기로의 온도를 900[°C]로 일저하게 유지시키기 위하여, 열전온도계의 지시값을 보면서 전압조정기로 전기로에 대한 인가전압을 조절하는 장치가 있다. 이 경우 열전온도계는 어느 용어에 해당하는가?

① 검출부　　　　　　　　② 조작량
③ 조작부　　　　　　　　④ 제어량

해설 Chapter － 12 － 01
제어량의 값이 소정의 상태에 따라 신호를 발생하는 부분을 검출부라 한다.

**11** 자동조정계가 속하는 제어계는?

① 추종제어　　　　　　　② 정치제어
③ 프로그램제어　　　　　④ 비율제어

해설 Chapter － 12 － 02 － (2)
정치제어 : 목표값이 시간에 따라 변화하지 않는 제어

정답　08 ③　09 ③　10 ①　11 ②

**12** 자동제어의 추치제어 3종이 아닌 것은?

① 프로세스제어　　　　　　　　　② 추종제어

③ 비율제어　　　　　　　　　　　④ 프로그램제어

해설 Chapter – 12 – **02** – (2)
프로세스제어는 목표값이 변화하지 않는 정치제어


**13** 피드백 제어계 중 물체의 위치, 방위, 자세 등의 기계적 변위를 제어량으로 하는 것은?

① 서보기구　　　　　　　　　　　② 프로세스제어

③ 자동조정　　　　　　　　　　　④ 프로그램제어

해설 Chapter – 12 – **02** – (1)
서보기구 : 물체의 위치·방위·자세 등을 제어, 목표값이 임의의 변화에 추종한다.


**14** 제어계를 동작시키는 기준으로 직접 제어계에 가해지는 신호는?

① 기준입력신호　　　　　　　　　② 동작신호

③ 조절신호　　　　　　　　　　　④ 주피드백신호


**15** 자동제어 분류에서 제어량에 의한 분류가 아닌 것은?

① 서보기구　　　② 프로세스제어　　　③ 자동조정　　　④ 정치제어

해설 Chapter – 12 – **02**
(1) 제어량의 종류에 의한 분류 : 서보, 프로세스, 자동조정
(2) 제어량의 성질에 의한 분류 : 정치제어, 추치제어


**16** 열차의 무인운전을 위한 제어는 어느 것에 속하는가?

① 정치제어　　　② 추종제어　　　③ 비율제어　　　④ 프로그램제어

해설 Chapter – 12 – **02** – (2)
프로그램제어 : 미리 정해진 프로그램에 따라 제어량을 변화시키는 것을 목적으로 하는 제어


정답 **12** ①　**13** ①　**14** ①　**15** ④　**16** ④

**17** 프로세스제어의 제어량이 아닌 것은?

① 물체의 자세          ② 액위

③ 유량          ④ 온도

해설 Chapter − 12 − **02** − (1)
프로세스제어의 제어량 : 압력 · 온도 · 유량 · 액위 · 밀도 · 농도 등

**18** 목표값이 미리 정해진 시간적 변화를 하는 경우 제어량을 그것에 추종시키기 위한 제어는?

① 프로그램제어          ② 정치제어

③ 추종제어          ④ 비율제어

해설 Chapter − 12 − **02** − (2)
프로그램제어 : 미리 정해진 프로그램에 따라 제어량을 변화시키는 것을 목적으로 하는 제어

**19** 연속식 압연기의 자동제어는 다음 중 어느 것인가?

① 정치제어          ② 추종제어

③ 프로그램제어          ④ 비례제어

해설 Chapter − 12 − **02** − (2)
목표값이 항상 일정해야 한다.

**20** 무조종사인 엘리베이터의 자동제어는?

① 정치제어          ② 추종제어

③ 프로그램제어          ④ 비율제어

해설 Chapter − 12 − **02** − (2)
프로그램제어 : 미리 정해진 프로그램에 따라 제어량을 변화시키는 것을 목적으로 하는 제어

정답 17 ① 18 ① 19 ① 20 ③

**21** 다음의 제어량에서 서보기구에 속하지 않는 것은?

① 유량
② 위치
③ 방위
④ 자세

해설 Chapter − 12 − 02 − (1)
서보기구 : 위치 · 방위 · 자세 · 각도

**22** 서보기구에서 직접 제어되는 제어량은 주로 어느 것인가?

① 압력, 유량, 액위, 온도
② 수분, 화학성분
③ 위치, 각도
④ 전압, 전류, 회전속도, 회전력

해설 Chapter − 12 − 02 − (1)
서보기구 : 위치 · 방위 · 자세 · 각도

**23** 잔류편차가 있는 제어계는?

① 비례 제어계(P제어계)
② 적분 제어계(I제어계)
③ 비례적분 제어계(PI제어계)
④ 비례적분미분 제어계(PID제어계)

해설 Chapter − 12 − 02 − (3)
비례제어(P제어)에서는 잔류편차(off−set)를 피할 수 없다.

**24** off−set를 제거하기 위한 제어법은?

① 비례제어
② 적분제어
③ on−off제어
④ PID제어

해설 Chapter − 12 − 02 − (3)
적분제어(I제어) : 잔류편차의 제거에 탁월하다.

정답 **21** ① **22** ③ **23** ① **24** ②

**25** 비례적분동작의 특징에 해당하는 것은?

① 간헐현상이 있다.

② 응답의 안정성이 작다.

③ 잔류편차가 생긴다.

④ 응답의 진동시간이 길다.

해설 Chapter – 12 – 02 – (3)

비례적분제어 : 잔류편차가 없으나 간헐현상이 생긴다.


**26** 진동이 일어나는 장치의 진동을 억제시키는 데 가장 효과적인 제어동작은?

① on-off동작        ② 비례동작

③ 미분동작        ④ 적분동작

해설 Chapter – 12 – 02 – (3)

미분제어 : 진동억제에 탁월하다.


**27** 정상특성과 응답속응성을 동시에 개선시키려면, 다음 중 어느 제어를 사용해야 하는가?

① P제어        ② PI제어

③ PD제어        ④ PID제어

해설 Chapter – 12 – 02 – (3)

PID제어 : 최적제어로서 정상특성에 응답속응성을 동시에 개선한다.


**28** PID동작은 어느 것인가?

① 사이클링과 오프셋이 제거되고 응답속도가 빠르며 안정성이 있다.

② 응답속도를 빨리 할 수 있으나 오프셋은 제거되지 않는다.

③ 오프셋은 제거되나 제어 동작에 큰 부동작 시간이 있으면 응답이 늦어진다.

④ 사이클링을 제거할 수 있으나 오프셋이 생긴다.

해설 Chapter – 12 – 02 – (3)

PID제어 : 최적제어

정답   25 ①   26 ③   27 ④   28 ①

**29** PI제어동작은 프로세스 제어계의 지상특성 개선에 흔히 쓰인다. 이것에 대응하는 보상 요소는?

① 지상 보상요소
② 진상 보상요소
③ 지진상 보상요소
④ 동상 보상요소

해설 Chapter － 12 － **02** － (3)
(1) PD제어 : 속응성 개선, 진상 보상요소
(2) PI제어 : 정상특성 개선, 지상 보상요소


**30** 시퀀스 제어에서 다음 중 틀린 것은?

① 조합 논리회로도 사용된다.
② 기계적 계전기도 사용된다.
③ 전체 계통에 연결된 스위치가 일시에 동작할 수도 있다.
④ 시간의 지연요소도 사용된다.

해설
순차제어로서 일시에 동작하지 않는다.


**31** 제어계에 가장 많이 이용되는 전자요소는?

① 증폭기
② 변조기
③ 주파수 변환기
④ 가산기

해설 Chapter － 12 － **01**
연산 증폭기는 적분기, 미분기, 부호변환기, 스케일 변환기, 가산기, 전압·전류 변환기 등에 이용된다.


**32** 연산 증폭기(op-amp)의 응용회로가 아닌 것은?

① 디지털 반가산 증폭기
② 아날로그 가산 증폭기
③ 적분기
④ 미분기

해설
반가산 증폭기에는 응용되지 않는다.


정답 **29** ① **30** ③ **31** ① **32** ①

**33** 비교기록용 오차 검출기로 주로 사용되는 증폭기는?

① 완충 증폭기　　　　　　　　② 연산 증폭기
③ 전력 증폭기　　　　　　　　④ 차동 증폭기

해설
비교기록 오차 검출기로 차동 증폭기가 널리 쓰인다.

**34** 일반적으로 선형 제어계의 주파수 특성은?

① 저주파 여파기 특성　　　　　② 중간주파 여파기 특성
③ 대역주파 여파기 특성　　　　④ 고주파 여파기 특성

**35** 변위 → 압력으로 변환시키는 장치는?

① 벨로우즈　　　　　　　　　② 가변 저항기
③ 다이어프램　　　　　　　　④ 유압 분사관

**36** 변위 → 전압의 변환장치는?

① 벨로우즈　　　　　　　　　② 가변 저항기
③ 다이어프램　　　　　　　　④ 차동 변압기

**37** 다음 중 온도를 전압으로 변환시키는 요소는?

① 열전대　　　　　　　　　　② 차동 변압기
③ 측온저항　　　　　　　　　④ 광전지

정답 | **33** ④　**34** ①　**35** ④　**36** ④　**37** ①

**38** PID 조절기와 전달함수 $G(s) = 1.02 + 0.002s$ 의 영점은?

① $-510$

② $-1,020$

③ $510$

④ $1,020$

해설

$1.02 + 0.002s = 0$ $\quad \therefore \ s = -510$


**39** PD제어동작은 공정제어계의 무엇을 개선하기 위하여 쓰이고 있는가?

① 정연성

② 속응성

③ 안정성

④ 이득

해설 Chapter $-$ 12 $-$ **02** $-$ (3)

PD제어는 응답속응성이 개선된다.


**40** 비례적분동작을 하는 PI 조절계의 전달함수는?

① $K_p(1 + \dfrac{1}{T_i S})$

② $K_p + \dfrac{1}{T_i S}$

③ $1 + \dfrac{1}{T_i S}$

④ $\dfrac{K_p}{T_i S}$

해설 Chapter $-$ 12 $-$ **02** $-$ (3)


**41** 적분시간이 2분, 비례감도가 5인 PI 조절계의 전달함수는?

① $\dfrac{1 + 5S}{0.4S}$

② $\dfrac{1 + 2S}{0.4S}$

③ $\dfrac{1 + 5S}{2S}$

④ $\dfrac{1 + 0.4S}{2S}$

해설 Chapter $-$ 12 $-$ **02** $-$ (3)

$$G(s) = K_p\left(1 + \frac{1}{T_i S}\right) = 5\left(1 + \frac{1}{2S}\right) = 5 + \frac{5}{2S} = \frac{10S + 5}{2S} \times \frac{0.2}{0.2} = \frac{2S + 1}{0.4S}$$


정답  **38** ①  **39** ②  **40** ①  **41** ②

**42** 어떤 자동 조절기의 전달함수에 대한 설명 중 옳지 않은 것은?

$$G(s) = K_p(1 + \frac{1}{T_i S} + T_d S)$$

① 이 조절기는 비례 – 적분 – 미분동작 조절기이다.
② $K_p$를 비례감도라고도 한다.
③ $T_d$는 미분시간 또는 레이트시간이라 한다.
④ $T_i$는 리셋이다.

해설 Chapter – 12 – 02 – (3)
$T_i$ : 적분시간

**43** 조작량 y(t)가 다음과 같이 표시되는 PID동작에서 비례감도, 적분시간, 미분시간은?

$$y(t) = 4z(t) + 1.6\frac{d}{dt}z(t) + \int z(t)dt$$

① 2, 0.4, 4      ② 2, 4, 0.4
③ 4, 4, 0.4      ④ 4, 0.4, 4

해설 Chapter – 12 – 02 – (3)
$$Y(s) = \left(4 + 1.6s + \frac{1}{s}\right)Z(s)$$
$$\therefore\ G(s) = \frac{Y(s)}{Z(s)} = 4\left(1 + 0.4s + \frac{1}{4s}\right)$$
$$\therefore\ K_p = 4$$
$$T_i = 4$$
$$T_d = 0.4$$

**44** 전달함수가 $G(s) = \dfrac{s^2 + 3s + 5}{2s}$인 제어기가 있다. 이 제어기는 어떤 제어기인가?

① 비례미분 제어기      ② 적분 제어기
③ 비례적분 제어기      ④ 비례미분적분 제어기

정답 42 ④   43 ③   44 ④

**해설** Chapter − 12 − **02** − (3)
비례미분적분 제어기

$G(s) = K_p(1 + T_d s + \dfrac{1}{T_i s})$의 형태를 갖는다.

**45** 폐루프 시스템에서 응답의 잔류편차 또는 정상상태오차를 제거하기 위한 제어기법은?

① 비례제어                          ② 적분제어
③ 미분제어                          ④ on−off제어

**해설** Chapter 12 − **02** − (3)
제어동작에 따른 분류
적분제어의 경우 오프셋(잔류편차)을 소멸시킨다.

**46** 적분시간 4[sec], 비례감도가 4인 비례적분동작을 하는 제어요소에 동작신호 $z(t) = 2t$를 주었을 때 이 제어요소의 조작량은? (단, 조작량의 초기값은 0이다.)

① $t^2 + 8t$                        ② $t^2 + 2^t$
③ $t^2 - 8t$                        ④ $t^2 - 2^t$

**해설** Chapter − 12 − **02** − (3)
비례적분동작

$$G(s) = K_p(1 + \frac{1}{T_i s}) = \frac{Y(s)}{Z(s)}$$
$$= 4(1 + \frac{1}{4s})$$
$$= 4 + \frac{1}{s}$$
$$Y(s) = \frac{2}{s^2}(4 + \frac{1}{s})$$
$$= \frac{8}{s^2} + \frac{2}{s^3}$$

이를 다시 역변환하면 $y(t) = 8t + t^2$

**정답** 45 ② 46 ①

**47** 전달함수가 $G_C(s) = \dfrac{2s+5}{7s}$ 인 제어기가 있다. 이 제어기는 어떤 제어기인가?

① 비례미분 제어기 　　　　　　② 적분 제어기
③ 비례적분 제어기 　　　　　　④ 비례적분미분 제어기

**해설** Chapter – 12 – **02** – (3)
$G_C(s) = \dfrac{2s+5}{7s} = \dfrac{2}{7} + \dfrac{5}{7s}$ 가 되므로 비례적분 제어기가 된다.

**48** 그림과 같은 요소는 제어계의 어떤 요소인가?

① 적분요소
② 미분요소
③ 1차 지연요소
④ 1차 지연 미분요소

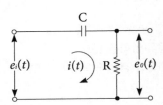

**해설** Chapter 12 – **01**
제어계의 요소
$$G(s) = \dfrac{R}{R + \dfrac{1}{CS}} = \dfrac{RCs}{1 + RCs}$$
$$= \dfrac{Ts}{1 + Ts} \text{(1차 지연 미분요소)}$$

**49** 그림에서 ①에 알맞은 신호 이름은?

① 조작량
② 제어량
③ 기준입력
④ 동작신호

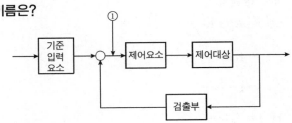

**해설** Chapter 12 – **01**
자동제어계의 분류
동작신호 : 기준입력과 주궤환량과의 차로서 제어계의 동작을 일으키는 원인이 되는 신호

**정답** 47 ③ 　 48 ④ 　 49 ④

## 제어공학
### 필 기 기 본 서

**제2판 인쇄** 2024. 3. 20. | **제2판 발행** 2024. 3. 25. | **편저자** 정용걸

**발행인** 박 용 | **발행처** (주)박문각출판 | **등록** 2015년 4월 29일 제2015-000104호

**주소** 06654 서울시 서초구 효령로 283 서경 B/D 4층 | **팩스** (02)584-2927

**전화** 교재 문의 (02)6466-7202

저자와의
협의하에
인지생략

정가 16,000원
ISBN 979-11-6987-800-5